别让无效努力
害了你

琼华 / 著

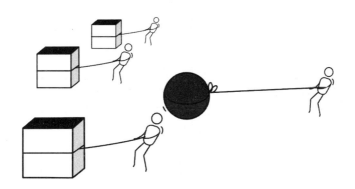

文汇出版社

图书在版编目 (CIP) 数据

别让无效努力害了你 / 琼华著 . — 上海：文汇出
版社 , 2018.5
ISBN 978-7-5496-2490-4

Ⅰ . ①别… Ⅱ . ①琼… Ⅲ . ①故事 – 作品集 – 中国 –
当代 Ⅳ . ① I247.81

中国版本图书馆 CIP 数据核字 (2018) 第 049037 号

别让无效努力害了你

著　　者 / 琼　华
责任编辑 / 戴　铮
装帧设计 / 末末设计室

出版发行 / **文匯**出版社
　　　　　上海市威海路 755 号
　　　　　（邮政编码：200041）
经　　销 / 全国新华书店
印　　制 / 北京季蜂印刷有限公司
版　　次 / 2018 年 5 月第 1 版
印　　次 / 2018 年 5 月第 1 次印刷
开　　本 / 710×1000　1/16
字　　数 / 156 千字
印　　张 / 15

书　　号 / ISBN 978-7-5496-2490-4
定　　价 / 38.00 元

序　言

　　感谢所有翻开这本书的朋友，正是因为你们，我才有信心在写作这条路上继续奋力前行。

　　有人会问："这本书会给我带来什么收获？"

　　我会说——

　　对于即将步入职场的朋友，它会让你知道，你面对的将会是什么样的环境；

　　对于已经在拼职场的朋友，它会像一盏指明灯，在你迷茫得不知如何继续走下去的时候，为你照亮前方的路；

　　对于自认为已经拼尽了全力，却还是达不到预期效果的职场朋友，它会让你明白，你的潜力远不止于此。

　　为了写这本书，我将自己近十年的职场经历回忆了一遍。我惊讶于自己的记忆竟是那么清晰，很多本该遗忘的细节瞬间都被唤了回来。

看完这本书，你也可以在自己身上发现这种惊喜。

不论你是学历不够高，还是能力受到了上司的质疑，抑或是时常感到怀才不遇，等你细想之后就会发现，虽然我们无法改变客观条件，但可以通过增强主观能动性而获得意外的惊喜。

你自以为的极限，不过是其中一个很小的坎儿，只要你有勇气跨过去，迎接你的将是"更上一层楼"。永远不要给自己设限，也永远不要妄自菲薄，他人对你的看法都不重要——重要的是，你自己如何定位自己。

愿每一位职场人都能收获一份好成绩。

瑶华

2018.1.15

目 录
Contents

3 第三章　把工作折腾成你想要的样子

4 第四章　赢在责任心，胜在执行力

5 第五章　你有规则，我有原则

6 第六章 你足够优秀，世界才会对你公平以待

別让无效努力害了你

第一章

毕业五年决定你的一生

很多时候，艰难的处境会让我们意志衰退，会让我们对现实屈服、妥协。但与此同时，这也是对我们的考验——能否坚守本心、不忘初衷，是每一个奋斗者都要面对的难题。

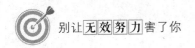
1. 毕业五年决定你的一生

晓秋在微信里跟我抱怨，说她的工资还不如街上卖肉夹馍的小哥收入高。她还跟我算了一笔那个小哥的"账"：

根据晚餐时间的客流量，平均一个小时就有 10 个顾客，一天出摊三次，以每次三小时来算，那么，每天就有 90 个人来买他的肉夹馍。一个肉夹馍是四元，一天的收入是 360 元，一个月下来，他的收入就能过万元。

说罢，晓秋把她这个月的工资单拍了照片发给我，实发那栏是用红色线条标注了的，我看数字是 3000 元出头。

晓秋说："你看看，我读了那么多年的书，拼死拼活地考上大学，过了英语六级——我英语说得比他好，计算机懂得比他多，可为啥他月收入过万元，我就只能拿到他的三分之一呢？早知道这样，我还不如辞职去卖肉夹馍呢。"

我当即问了她三句话：

一、你能每天四点就起床，准备食材吗？

二、你能忍受寒冬腊月和酷暑炎夏在室外站八个点吗？

三、你确定你做的肉夹馍一定就比他做的好吃吗?

晓秋在那边停顿了一会儿,回复过来两个字:不能。

事实上,我可以理解晓秋的心情,毕竟我也是从那个阶段走过来的。大学毕业后刚参加工作时,我也是职场菜鸟,履历表上的工作一栏,素净得好像一位未施粉黛的丑姑娘。

那时,我们没资格和公司谈报酬,甲方给我们多少,我们就拿多少——即便少得只够支付房租,也必须接受。

套用经济学上的理论,如今的职场可是买家市场。作为卖家,我们只能用心挖掘和经营自身的潜质,不断提高市场竞争力,尽心尽力地服务好买家,进而从新卖家一步步攀升为皇冠卖家。

当前的晓秋就是新卖家。刚刚找到工作的时候,她也是欣喜万分;领到第一个月的工资时,她还很兴奋地请我吃了一顿。当时因为盛情难却,我于是狠狠地宰了她一大碗麻辣烫。

晓秋在微信上跟我抱怨,是在她转正后的第三个月。

职场的新鲜感在悄然退却,对她而言,现在的工作枯燥、乏味,没有技术含量,每天在椅子上坐 8 ~ 10 小时,弄得她看到那张椅子就发怵。她说,自己最期盼的就是节假日和每个月发工资的那一天,但每一次都会让她失望。

她的失望,源于她认为自己的付出和收获不成正比。

在她的理论体系中,即便是初入职场的新人,也该有属于新人的体面——这体现在薪水上。而且,高的薪水有助于提高员工的积极性,

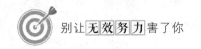

激发员工的潜能，这对提升公司效益来说也很不错，正所谓：高投入才能有高回报。

然而，她没想到的是，作为一个业务水平还谈不上有多高，没有业绩的新人，公司怎么看到你身上的潜能，以及你能给公司创造的未来效益呢？

晓秋开始在公司我行我素起来，不再义务加班，对手里的工作也是能应付就应付，三分之一的时间则用来和QQ上的同学大聊梦想和未来。偏巧，此时有个同学跳槽了，薪水较从前翻了一倍——大家私下里一比，原本还处于中流的晓秋，眼看就要垫底了。

晓秋的原则向来都是不求最好，也不能做最差的。所以，她着急了，像是考试没考好，从原本的中等生降成了末等生。心情上的落差让晓秋难受了好一阵子，那段时间，她做什么都没心思，觉得自己做得再多也无法改变低工资的事实。她又想了想自己在公司的处境，升职是不可能了，涨薪就更不可能了。

憋屈的晓秋开始学着同学广撒网，以期找到更高薪酬的"好工作"。来年春节过后，有一家同类型的公司通知她去面试。

这家公司在行业内颇有名气，给的薪水自然比原来的那家高。晓秋面试结束后回来，就信心百倍地递交了辞职信，每天骄傲得好似百灵鸟一般。

可谁知，她等了三天，等来的不是入职通知，而是这样一句话："很抱歉地通知您，您没能通过我们的面试。"

晓秋当时就呆住了。后来，她细细询问了没能通过面试的原因，答案是：她在业务方面还不够熟练，很多细节问题都回答错了，而他们需要的是能够快速上手、不需要旁人再来教的职员。

被拒之后，晓秋赶忙回到公司，想要拿回辞职信。

不想，人事主管早就知道她在外面求职的事，并将这件事告诉了她的直属上司和部门领导。部门领导最看不惯朝秦暮楚的人，而且，他对晓秋这一年的表现并不是特别满意。

经直属上司反馈，晓秋做的数据表经常会出现大大小小的错误，要么是公式链接错误，要么是为了图方便直接套用之前的模板，结果套用之后忘了改标题和日期，甚至连里面的个别数据都忘了改。

面对这样的员工，哪个上司想留呢？晓秋的结局可想而知。

有人说："刚毕业的五年里没资格谈薪水，这五年里你需要看重的是如何提升自我价值。"遗憾的是，很多初入职场的年轻人都无法意识到这一点，在这个一切都追求速度的时代，我们都想快速成为令人羡慕的佼佼者。

不过，也有例外——潇潇就是我认识的一个例外。

潇潇是我的同学，读书时睡在我上铺，我们的关系好到可以睡在一张床上。

那时，我俩是班上每年都能拿奖学金的人；我们还选了同一门选修课，考分相当。我们读书时的轨迹如此相同，让我曾一度怀疑她是不是我的影子。可谁知，工作之后，我和潇潇走上了截然相反的道路。

原本我俩都打算考研的，没想到考研的口号喊了三年，到报名的

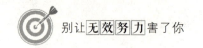

时候，我们不约而同地放了考研党的鸽子。原因很简单：我们觉得读了 20 多年的书，是时候出去闯一闯，锻炼一下自己的本事了，如果有需要，再去考研也不迟。

于是，毕业后我在亲戚的推荐下进了一家外企做市场调研工作，潇潇则进了一家私企。我的薪水在班里同学当中处于中上水平，一向很优秀的潇潇却垫了底。但是，那时潇潇胜在心态好，一次聚会后她曾放话给我："我现在不跟你比，我跟你比五年之后。"

潇潇说得信心十足，很有底气，我当下就接了这个"五年赌约"。之后，我和她各奔东西，为未来去拼搏了。

作为一个菜鸟，那时我什么都不会，虽然考过了计算机二级，但居然无法做出令上司满意的 PPT 来。有段时间我很挫败，感觉从前的骄傲一下子就没了，别人看我的眼神也从仰视转为俯视。

当我把自己的真实感受讲给在另一个城市工作的潇潇听时，那边的她也一样唉声叹气。不过，这种感慨并没有持续很久。潇潇在电话那头帮我打气——她说，现在最重要的就是学习业务技能，还说她报了英语口语班和投资课程，想趁着离开学校没多久学习劲头还在，再学点技能。

潇潇所在的企业属于物流行业，跟金融和英语搭不上边，因此，我当时觉得她这么做根本就是徒劳的——我认为，与其把时间花在那些看不到效益的事上，倒不如花在一件能够立刻兑现的事上。

那时的我和晓秋一样幼稚。我只按部就班地过着朝九晚五的生活，在公司里做着和我月薪相匹配的工作——有时忙，有时闲，日子一天天地就那么过。

当我开始嫌弃自己的薪水有点低时，潇潇跳槽了。令我很意外的是，她跳槽到了一家金融企业。

我们已经工作三年了，当我纳闷潇潇怎么会跨行业跳槽时，她告诉我，这家金融企业跟原来的公司有过合作，她能接触上，源于一次谈判时公司的财务突然告了病假，而她刚好是对口业务，加之她懂一些财务知识，也十分清楚公司的财务运作流程，便和对方交谈了起来。

除却几件小事需要出财务来最后确定外，其他事宜潇潇都处理得十分专业，相当漂亮——她给对方留下了一个深刻的印象，后续联系始终没有断过。

对方觉得潇潇聪明、机灵，反应快，很适合做金融业务，便有意请她来。偏巧她也有意进入金融行业，正愁没机会入行，这便顺理成章地过去了。

去了新公司的潇潇，也没有放松对自己的要求，她工作依然很卖力、很认真，不肯放过每一个细节。加之她性格偏外向，深谙为人处世之道，入行没多久就积累了相当数量的客户，不仅受到领导的格外重用，就连薪水也跟着翻了几番。

很快，潇潇的薪水就超过我了。

我曾看过潇潇的一篇博客文章，有一句话是这样写的："年轻人，不要总盯着薪水，如果你只把眼光放在那 3000 元钱上，那么到最后，你也就只值 3000 元钱。"

每个人都有价值，这价值依你的市场竞争力来定。初入职场，你需要做的是如何提升自己的专业能力，而不是只为了当下的薪资。

其实，职场很公平，因为它只偏向竞争力强的那一方。

2. 能力达人

我们总是会有一个误区，认为学历高的比学历低的能力更高，找工作的时候就应该更好找，薪水也拿得更多。

毕业季，朋友的公司招了一个博士生。朋友说，当他们部门得知这个消息的时候，大家都期待得不得了，真心想看看这位博士生长什么样子。

博士生展业报到的那天，自他进门起，一路走到人事部的时候，无数双眼睛盯着他，嘴里还不停地嘀咕着："瞧，他就是那个博士。"

展业就当没听见，径直往前走。

朋友说，展业个子不高，圆脸，鼻梁上架着一副圆形近视眼镜，乍一看，是挺有趣的一个人。但你再细看他的眼神，俨然就是一副老学究的神色，而且不苟言笑，跟谁都不怎么说话。

这是家制药公司，展业刚进公司就是项目经理，他主持的项目就是公司新开发的一种药。大家都对展业的能力十分期待，心想着，他会不会像前项目经理"谢耳朵"那样做出令人赞叹的成绩。

事实表明，展业在理论上绝对没问题，甚至从他嘴里说出来的一些专业用语，几位在药业工作了很久的老员工都没听说过。这就给老员工带来了一些困扰，同时也给展业的工作开展造成了一定的影响。

除此之外，展业也不懂得工作方法，大部分时间他喜欢单独做事，也很少把自己的计划透露给其他人，就连他的工作进行到哪一步了，同一个组的成员也都不知道。

有一次，总经理跟一位资深的老员工聊天，问起新项目来。

老员工脸色一青，气氛立刻僵了下来。总经理见情况不妙，又很仔细地问了几句，还为展业说了些客套话，大体意思是：他初来乍到，有些流程不熟悉，你就多帮帮他。这个人在专业上没问题，还申请过个人专利呢。

总经理这么一说，老员工就有点忍不下去了，随即便把这段日子以来工作中存在的问题一一指了出来。诸如，展业不熟悉流程也罢了，老员工给他讲了一番，他也听明白了，但还是决定按照自己的那套方法来。结果，很多环节都出了或大或小的问题，让他们感觉很乱，却又不知该从哪儿开始梳理。

展业的确专业过硬，他们对此没什么可挑剔的。只是，可能就因为他专业太厉害了吧，组里的人都和他有差距——面对组员听不明白的地方，他只讲一遍，在发现组员还是不理解之后，他便干脆放弃讲解，一个人单干。到后来，他干脆什么也不解释了。

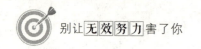

总之，现在的作业模式就是：组里的人都等着，展业让他们做什么，他们就做什么——如果有听不懂的，或是不知道怎么做的，展业就自己全包揽下来。

老员工最后感慨道："跟展业在一起工作，我才真的体会到自己的渺小和无用啊！"这话虽然表面上是在损自己，其实是对展业的工作方法和态度的不认可。

精明如总经理，他怎么会听不出来。

事情的发展超出总经理的预料，他以为展业身上只会存在高学历和高专业背景下的傲气，没想到他竟然如此不懂团队之间的配合，以及队员的心理和颜面。

这里可是企业，不只需要展业这样的高科技人才，更需要团队之间的配合和协作。他这样做，不仅不会增加团队的凝聚力，反而会弄得人心涣散——长此以往，说不定连资深的老员工都保不住，就连企业的整体运作和流程也会改得天翻地覆了。

总经理碍于展业的面子，并没有把他叫到办公室来，而是找了个理由请他吃了一顿饭。

饭局上，总经理给展业讲了一个故事，中心思想用一句话概括就是：一个人做不成大事，需要有他人的帮助才行。他还以篮球和足球比赛为例，意思是：要想赢得比赛，就得注重团队合作，比如姚明再厉害，没有其他队员的配合，一样赢不了比赛。

展业是个聪明人，他立刻领会了总经理的意思。只是，他不明白的是，他的做法并没有给公司带来不便和损失。

总经理一听，方知此人不懂看人心，不禁唏嘘了一声，说道："如果没有不便和损失，也就没有我和你吃的这顿饭了。展业啊，你是个人才，但在企业做事，学历是一方面，能力才是最重要的。能力不仅仅是专业能力，还包含你的领悟力、配合力以及人际交往力，这几种缺一不可。"

展业以为自己是博士，在专业能力上绝对是 NO.1，因此，在面对组里那些学历不如他的人时，多少会有些优越感。再者，面对很多对方不明白的地方，他认为解释等于做无用功，因此，在没有和其他人商量的前提下，就自作主张，决定不解释。

这样一来，即便他自己没有瞧不起对方的意思，也会让对方产生误会。一旦组内的人员心不齐了，谁还会把劲儿往一处使，好好做项目呢？

展业也许是出于省心，却用不恰当的行动做出了一个让所有人误会的结果，而这无关乎他的专业能力——只能说，他在其他方面的能力太弱了。

正如总经理所言，一个人的能力不只有专业能力，不能以一概全。把学历看轻一些，把综合能力看重一些，才是职场的"正确打开方式"。

紫紫是从国外名牌大学硕士毕业后回国工作的。她本人很开朗，也和展业一样戴着一副圆形近视眼镜，看上去十足可爱。

我们不在一个部门，平时见不了多少次，真正和她熟识起来是在公司组织的一次爬山活动中。

说实话，我体力不行，从一开始就落在最后了。紫紫那天是生理期，但她还是来参加集体活动了。她爬得速度和我差不多，于是，我俩就一路聊天，走走停停。

我们聊各自喜欢的明星，还有当下的热播剧，聊得很投缘，便逐步深入。我们公司并不是 500 强，也不是名企，因此，当我得知紫紫的留学背景之后，对她选择来这家公司感到十分惊讶和不解。

不用猜我就知道，美国名牌大学毕业的计算机硕士，很多出色的公司都需要，能给出的薪水和待遇也一定比我们公司给的多得多。

面对我的疑惑，紫紫反倒很轻松。她跟我说，虽然自己的学校和专业很不错，但缺乏实际经验，而且她从来就没有接触过职场——别看她是高学历者，刚到公司的时候还是和本科生一样，得从头开始学。

关于学历这块儿，她看得很开——她用一段话来解释自己的行为，大体意思就是：无论是名校、本科毕业，还是硕士生、博士生，其实，大家都坐在同一列火车上。不同的是，本科生是站票，硕士生是坐票，博士生是卧铺。车到站了，下车后，大家面对的征途都一样。

高学历不等于高能力，名校背景不代表你更出色。学历只代表过去，它只能证明过去的那个你很出色，而当你换了一个征途，就要面对新的开始。

听完紫紫的话之后，我有点自惭形秽。

我虽然也是个硕士生，还常常自怨自艾地觉得自己在这儿工作吃亏了。但转念一想，我就是因为把学历看得太重，导致在找工作和做工作的时候老觉得自己比别人更聪明，也懂得更多。事实并非如此。

正是因为不把自己当回事，紫紫在工作中的表现很不错，同事对她也赞誉有加：大家丝毫不排斥她，反而总是喜欢听她讲在国外读书时的趣事。

其中，有个打算出国留学的同事，跟紫紫请教留学方面的问题。她不仅热心地解答，还找来当年自己联系过的留学机构帮同事出主意，选择最合适的学校和专业。同事很感动，走之前还特地请她吃了一顿饭。

大概两年后，紫紫离开了公司，她被一家大型互联网公司看中，招去做主管了。而对方看中的不仅是她的学历，更重要的是，她具有很好的团队合作能力。

公司领导本不想放紫紫走，但既然人家有了更好的出路，也没有不放的道理。离开之后，她也经常参加我们这些老朋友的聚会，还是那么亲切、活泼。

在人们的惯常思维中，认为硕士就该怎样，博士就该怎样——其实，无论是硕士还是博士，他们都和学士一样，只代表你的学历和学位。

很多后来的成功者，其实在本科毕业后便参加了工作。工作几年后，他们又返回学校接受再教育，因此成为硕士或是博士。学习会帮他们增进知识量，有助于锻炼他们的逻辑思维能力，使他们在面对同一个问题时能有更多不同的见解和看法，从而帮助他们更好地在工作中发挥重要作用。

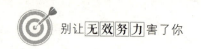

　　学历可以为你的能力添砖加瓦，却不等同于你的能力，所以，不要给学历总是戴上有色眼镜——我的理解是，即便你学历不高，也可以通过后期的学习来获得，最后达到自己的职业理想。

3. 工作就是解决问题——提升责任和绩效的行动导向

　　在一次梦想大调查中，有超过80%的人表示，自己还是孩子的时候就有了职业梦想。然而，只有47%的人表示，自己在大学毕业时才有了明确的职场目标。正所谓：越长大越茫然，梦想逐渐成了奢侈品。

　　在放弃了职业梦想的人群中，90%的人是迫于现实因素。其中，40%的人是为了更好的职业发展而转行的；26%的人是因为目前的工作已经定型，从而放弃了职业梦想；24%的人是为了更好的薪酬、福利而转行的。不过，也有20%的人非常洒脱地表示：做什么工作无所谓，做一行、爱一行才最重要。

　　很多人表示，现在是买方市场，求职者根本就没有选择权，能找到一份工作就不错了，如果是一份薪水、福利都不错的工作，那就更完美了——梦想什么的，该让步就必须让步，这就是现实。

事实上，这只是你看到的表面而已。

阿松大学毕业的那年刚好遇到经济危机，一些大公司都宣布破产了，原本已经决定要招聘他的那家公司也因为经营不善，不得不遗憾地通知他人事冻结的消息。

阿松当时并没有沮丧，而是很乐观地想：那么多的公司又不全是经营不善，总有实力雄厚的公司还需要人。于是，他就继续找工作。

他学的是英语专业，本想找一份翻译的工作，可因为国外经济下滑，对翻译的需求没从前那么大，他很难找到好工作——不少小型翻译社倒闭了，不少制造型的大公司也选择调整运营方向，从原本的以外贸为主转为内销模式。如此，需要英语专业人才的公司就更少了。

一晃半年过去了，阿松的心情也从不慌不忙转为沮丧了。那是他在家过得最憋屈的一年，看着亲戚朋友在吃年夜饭时都聊着工作上的事——他一旦被人问起工作状况，就恨不得钻到地缝里去。

父母见他压力大，不敢给他施加任何压力，而是给出了两个建议：一是准备研究生考试，因为经济危机不知什么时候能过去，三年研究生读下来估计形势会好一些；二是考个教师证，在老家的中学当英语老师。

阿松自知自己不是个学习型的人，如果想考研究生，他早就跟着同寝室的兄弟一起备考了。读了20年的书，他想做一番大事业——他的专业本身不错，而他从小就崇拜翻译官，只可惜就现状而言，这个职业梦想是离他越来越远了。

　　阿松没有别的选择，无奈之下，他选择了父母的第二条建议，考了教师证，并通过当地一所中学的招聘，成了一名英语老师。其实，当英语老师是一份不错的职业，不仅受人尊重，而且还有寒暑假。但在别人眼中的好工作，在阿松眼里并不算好。

　　在刚开始工作的那一年里，他最想做的还是翻译官。那时刚出校门，心气儿还在——就着这股心气儿，他考了笔译的分级考试，还考了口译。口译比较难，第一次没通过，加之白天要上课，晚上还要备课，真正属于自己的时间并不多，他也就没有再考。

　　没想到，教着教着，阿松才发觉出这份工作的好来。学生的崇拜以及家长的重视，让他觉得这份工作还是可以做下去的。于是，他花在备课上的时间多了，判作业的时间多了，研究考题的时间多了。空闲下来，他还能陪女朋友到外边去旅游。

　　生活的恬静、优美在侵蚀着阿松最初的奋斗之心，他慢慢地喜欢上了这种生活。直到有一天他去参加同学聚会，见到了当年在学校时玩得最好的几位朋友，才又感到了一丝失落。

　　几个人刚一坐下，就开始聊起彼此的前程来，令阿松意外的是，其中两人在外企做事，另外两人在翻译社做翻译。聊了一圈下来，就只有他一个人当了老师。而几个朋友过得如何，从他们的穿着和言谈中就能看出来。

　　同学们为阿松当了老师感到惊奇，其中一人说："你那会儿不是发誓自己绝不会当英语老师的吗，还说男人教英语太娘们儿。"

　　说者无心，这话虽然并无恶意，阿松却是听者有意。他的脸色立刻沉下来，忍着心中的尴尬，勉强一笑："这不是后来又喜欢上了吗！"

随后，阿松也问了其他几个人的情况。其中一人直言自己是被人推荐去的翻译社，另外几人都是熬了大半年才找到工作的。他们都说，当时觉得英语是最没用的专业，没想到因为兼职做翻译，到最后却做出一份正式工作来——虽然现在的薪水还没达到理想水平，但至少做的是自己最想做的工作。

一顿饭下来，阿松是发言最少的那个，因为他们聊的内容离他的生活太远。他做的最多的一件事，就是倾听和傻笑。恍惚中，他想起了最初的翻译官梦想——并不是说翻译官就比老师好，只是因为前者是他曾经最想做的那件事。

因为遗憾，所以难过。

因为妥协，所以遗憾。

有一个女孩，高中时期就树立了当导演的梦想。之后，她顺利地考入中国传媒大学，就读导演专业。她原本意气风发，梦想着在学校里一展抱负，没想到班上的同学都比她优秀，他们入校之后就有作品，而且作品富有个性，质量不错。

面对这样的情况，她对自己开始有了质疑——她太平凡了，平凡得没有丝毫亮点。她时常怀疑自己是不是选错了专业，定错了目标。

尽管对自己有质疑，但她并没有就此选择放弃——她在自我怀疑中跟着课堂一步步走下来，踏踏实实，勤勤恳恳，没有一丝懈怠。

　　大学毕业后，她选择继续攻读研究生。与此同时，她开始实践自己的梦想——她从助理做起，慢慢地进入导演这一行。一开始很难，也很辛苦，但她没有任何怨言。后来，她自编自导了人生中的第一部戏，这本来是个很不错的机会，不料，她因为严重贫血而无法继续工作，只能躺在床上休养。

　　当时，家人心疼她，希望她改行，到某家公司里去做朝九晚五的工作，毕竟身体要紧。但她很执着，并不想就此放弃梦想，于是，她和母亲打了个赌：如果她能一个人从一楼走到六楼，她就继续做自己的导演事业；如果不能，她就听从母亲的建议，找一份工作过稳定的生活。

　　母亲拗不过她，便答应了。

　　当她眼冒金星、气喘吁吁地爬上六楼后，她号啕大哭起来。从那时起，她便决定，这辈子就要在导演这条路上走下去。

　　她坚强的意志帮助她脱离了病魔的困扰，而她执导的第一部影片还拿了奖。这个喜讯来得太突然、太惊喜了，只是，这部影片之后，她再没有收到工作邀约。

　　她的心很慌，再度陷入了自我怀疑中。但这次她没那么急躁，反而选择了最安静的一条路：每天一个人去咖啡馆看书，写剧本。

　　那时，尽管她很孤独，内心惶恐，需要有个人来帮她调解，但她没有这么做。

　　那时，她看了很多书，恐怕是她看书最多的一段时间。她时常以李安的经历来安慰自己，给自己打气。她深知，面对困难，急躁不管用，慌张也不管用，机会和运气则是水到渠成的事，她需要做的就是自我沉淀。

也有人请她去公司做事，待遇还不错。但她想，如果她真的去了，就会离导演的梦想越来越远。她自问：我内心深处最想做、肯为之付出一切的是什么？答案不需丝毫犹豫，是导演。她真实的内心容不得自己对职业的妥协，即便处境艰难，她也选择继续坚持下去。

半年后，便有戏约过来。这部戏之后，她的导演路似乎比从前顺利了许多。紧接着，她又连续拍摄了网剧《匆匆那年》和电影《谁的青春不迷茫》等。

没错，她就是青年导演姚婷婷。

喜欢这两部作品的人一定会感叹，如果姚婷婷当时真的没有抗住逆境的煎熬，从而选择对现实的妥协，兴许我们也就看不到这两部质量上乘，最贴近真实青春、看后让人回味悠长的影视作品了。

很多时候，艰难的处境会让我们意志衰退，会让我们对现实屈服、妥协。但与此同时，这也是对我们的考验。能否坚守本心、不忘初衷，是每一个奋斗者都要面对的难题——有的人妥协了，丢了梦；有的人坚持下来了，得到了梦。

其实，困境的难度对每一个人来说都是一样的，多一份坚持，少一些妥协，你的梦会更近，你的人生也才能不留遗憾。

4. 即便是求职，也不该妥协

你真的会求职吗？

求职不只是大学毕业或是研究生毕业之后才会遇到的问题，这两个字会伴随你的整个职业生涯。然而，求职并不是一件容易的事。

刚毕业的时候，求职的主要难点在于，你缺乏工作经验；其次是，你对各种行业和想要从事职业的不确定性。工作之后的求职，其主要难点在于，薪酬和职位是否符合你的心理预期，是否符合你的职业生涯规划，是否对你的职业发展能起到推动作用。

会求职的人，总能挖掘自己的潜能，在新工作上发挥自己的特长，创造出很多的不可能。不会求职的人，即便每天投送 20 封简历，能接到的面试电话也会寥寥无几。即使找到了工作，要么是和预期的相反，要么总透着些委屈。

我们总是认为，广撒网才能收获最多——殊不知，求职这件事要做到有的放矢，才能万无一失。

强子和涛子同是一个寝室的大学同学，关系很铁。读书的时候，他们经常在一起打游戏，一个人出去打饭，就会帮另一个人也把饭打回来；到了考试季，一个人要先去自习室，顺便帮另一个人占座。

涛子的英语好，强子的高数好，两人互补，时常交流学习方法和心得。两人都是外地人，也都想留下来在这座城市里生根发展。

两人学的是计算机专业，强子的想法是，无论什么工作先找一份再说，能在这座城市里站稳脚跟就好。据此，他选择的求职路径就是广撒网——他几乎每天都去人才市场，每天都会关注来学校招聘的企业信息，但凡有计算机方面工作需求的，他就递一份简历过去。

总之，他的心态很好，他坚信就算捞不上大虾，也有小鱼。

涛子跟强子的做法相反。他跟着强子去过一两次人才市场，学校的招聘会也去过，但他的简历打印得少，也不是每家公司都投递。一个多月过去了，强子那边好歹还收到过面试通知，而他这边却一次都没有收到。

强子为这个兄弟着急，但他不好多说什么，毕竟关系再好，也不方便插手对方的生活。

后来，急性子的强子终于忍不住了，就在某次参加完招聘会后拽住涛子说："涛子，你不能再这样下去了，眼瞅着就要毕业了，想要留下来得先有份工作才最靠谱。再说了，咱们也没有什么工作经验，就那点实习经验人家根本看不上。所以，现在的关键是抓住工作机会，不能再这么走马观花似的看了。"

涛子听后，也说出了自己的看法。

原来，他想去专门的 IT 公司或是互联网公司工作，而来学校招聘

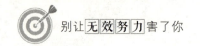

的公司大多为制造企业，他们对计算机专业的需求主要停留在系统维护的层次上，至于软件的程序开发，他们都选择直接从软件公司进行购买。

这种情况和他想做的工作有差别，如果只是维护系统，对自身的技能提升没有帮助作用，他宁愿不要。

强子见无法说服涛子，便也不再多说。

最终，强子网上了一条"大虾"——对方是一家国企，主营纺织产品。他的工作内容和涛子讲的那种差不多：主要是维护系统，不需要开发和制作软件。薪水不高，但维持生活是够了。

他心想：第一年可能会辛苦些，要是经济上实在紧张，就找份兼职做。再怎么说，对方也是国企，工作算是铁饭碗了。他把自己找的工作说给家人听，家人也十分赞成。

涛子的工作直到毕业时也没敲定。不过，他瞅准了一家互联网企业，对方虽然是私企，规模也不大，但他研究过对方设计和开发的软件，发现都很不错，而且实用性很强。与此同时，他又对这家公司的创始人和合伙人进行了一番调查——该公司的创始人和三位合伙人都有英国留学背景，创始人还曾在世界级名企工作过多年。

综上所述，他认为这是一家很有前途的互联网公司，但这家公司目前并不招人。接下来的一年里，涛子在另一家电商公司做系统开发，薪水不是很理想，工作量还很大，在电脑前一坐就是一天一夜——那都是家常便饭。

那段时间，他和强子同租一所房子，两人一人一室。涛子经常半夜回来，甚至不回来；而强子的生活则规律得很，公司里的事也不多，遇到经济拮据的时候他就少花点，这样不用做兼职他也能生活下去。

强子看涛子天天都这么累，觉得他根本就不值得，即便他是一个IT男，也懂得投入回报率——这种回报率低的亏本工作，他怎会愿意做？

可涛子就是一根筋——他说自己工作得这么辛苦，是为了将来能够进入那家自己看好的互联网公司。

强子一听，更觉得这个兄弟是脑子进水了，他直言道："这城市里公司那么多，做互联网的也不少，你非要在那一家做，你这不是等于为了一棵树放弃整片森林吗？而且，那还是棵不知道能不能长大的小树苗！"

涛子倒是能理解强子的看法，那也是为自己好，但他还是利用空闲时间不停地研究这家公司——他相信自己的判断。果然，第二年涛子就在官网上看到了那家公司的招聘信息，他欣喜若狂地投了一封简历过去。与此同时，他还写了一封求职信，言辞诚恳，态度谦和。

然而，一个月过去了，那家公司的回复杳无音信。涛子有点沮丧，一连几天心情都不好。强子不忍心见他这样，偏巧原来和他一块做系统维护的同事离职了，他便有意推荐涛子过去。结果，涛子摇摇头，婉拒了。

可能有人会说，像涛子这种过于执拗的人太少了——当今社会，大多数人的选择会和强子一样，少有他这样顽固、执着的人。而且，

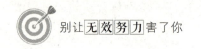
他这么较真儿下去，对他自己也没什么好处。

表面上看是这样，然而谁会知道，五年后的涛子成了某上市互联网公司的高层兼股东，而强子仍然在那家国企做系统维护工作。

故事还要追溯回五年前。当涛子一度以为自己的简历石沉大海的时候，他通过自己的人脉，直接要到了这家公司 HR 经理的联系方式。他重新整理了一份简历和一封求职信，发到这位 HR 经理的邮箱中。随后，他又给对方打了一个电话，讲明自己的意向，并在电话中简明扼要地阐述了自己的长处和适合这份工作的原因。

其实，对方并不是没有看到涛子的简历，而是在看后觉得他表现平平，并没有什么突出的地方，便归入了候选名单中。不想，涛子直接给对方打了电话，并在电话里做了一次简单的电话面试，无形中给了对方一份惊喜。

人事经理再次查看了涛子的简历，觉得可以让他来参加面试。

面试是在两天后举行的。当时，来参加面试的人总共有五位，涛子是最后一位。轮到他的时候，面试官直接问他："为什么选择我们公司？你为什么觉得自己可以胜任这份工作？"

涛子并没有被面试官的气势吓到，他清晰地讲述了自己这一年来在软件开发工作上的优势和特点。随后，他还根据这些年来对这家公司的了解，对后期的软件开发发表了自己的看法。不仅如此，他还说出了这家公司目前的一个经营难点，以及针对这个难点他自己想到的解决方法。

涛子的回答令面试官眼前一亮，他再次低头仔细地看了一遍涛子的简历，不由得面带困惑地问："你怎么会对我们公司如此了解？"

涛子微微一笑："在我刚毕业的那年我就注意到贵公司了，只可惜那时你们不招人。于是，我根据你们的需求去了我现在的公司做系统开发，希望可以积累经验将来能对贵公司有用处。这一年来，我一直在关注贵公司，贵公司被什么样的公司注资，开发了什么软件，什么软件卖得好，什么软件卖得不好，我都了解过。"

面试官一听，甚为欣慰，还有种相见恨晚之感，当下便决定录用涛子。

在进了自己梦寐以求的公司之后，涛子更是工作目标明确，表现突出。上司几次对高层反映涛子的情况，高层很重视，两年后他就被提拔为部门经理了。

接下来的一年，涛子主持开发的系统软件大大地提高了公司的工作效率，并在多个相关领域可以适用，当年就给公司带来了可观的利润。此时，正逢公司融资上市，规模进一步扩大，业务版图也比从前有了更大的扩展。

于是，涛子成了第一批持有公司股份的优秀员工，而他的职位也从部门经理升为公司总监。

有人说，涛子的成功也算是他的运气，其实不然。

他从一开始就有目的性地在规划自己的职业生涯——从选择行业到职业，再到选择什么样的公司，他都很清楚，并且，他一直都在为

这个目标奋斗。虽然他也走过弯路，经历过落魄，但无论如何他始终没有放弃。

也有人说，一个人的职业生涯是变化莫测的，根本就无法掌控在自己手中。不，你错了。如果你没有清晰的目标，你就会像强子一样广撒网，希望网到一条大鱼，但最后只收获了小虾——没准还仅仅是凑合。

既然你不打算一生庸碌无为，那就先确定一个目标，并为之努力奋斗，因为时间不会辜负每一个认真对待它的人。

5. 考研不是用来逃避求职的

如今存在一个很普遍的现象，那就是90%的学生读完本科后会决定考研。

那些学习不错、家境也不错且眼光高远的，就把目标定在欧美国家，从大二开始就准备考托福、雅思还有GRE。条件次的，将目标锁定在国内名牌大学。再次者，考虑的则是本校研究生。

到国外留学的同学，一部分是真心想学习国外先进的知识，同时开阔眼界；另一部分则是为了镀金，以期回国后可以找份不错的工作。

在国内读研的同学，目的也有两个，一是为了学术研究，一是希望在读书和工作之间得到一个缓冲。

通过读研，他们一来可以晚就业，二来可以提高自身的竞争力。只要三年后，在学历那栏填写的是研究生，他们就会自觉高人一等，在求职途中腰杆也能挺得直一些。因此，对他们而言，考不考得上名牌大学的研究生不重要，重要的是学历。

但是，现实真的会如他们所想的那般顺利吗？不见得。

先给大家做一道选择题：

毕业前，你通过了研究生考试，收到了录取通知书。与此同时，你还收到了当初因担心考研落榜而投了简历的外企 offer。你的选择是什么？

A. 继续读研深造。

B. 直接去外企工作。

C. 在纠结中不知所终。

小君就是一个为此而陷入纠结的毕业生。为了考研，她准备了三年，一点都不曾懈怠过，考上的学校是国内名牌大学，专业也不错——是很有发展前途和挑战性的金融管理。

但这家外企也不错，它虽然不在 CBD，却是世界 500 强，有宽敞的独栋办公大楼。外企给小君的职位也算和她的专业对口，就是缺少一点挑战性。

站在岔路口的她想：既然本科刚毕业我就能收到 500 强的 offer，

等我在学历上再镀一层金，岂不是更厉害？到时候直接应聘个主管的职位应该也不是难事。

在跟家人商量之后，小君果断地选择了读研深造。

然而，研究生课程和小君设想的不大一样，因为都是经济类学科，很多课程都是重复的，没有新意。而且，金融对高数的要求特别高，她又是文科出身，学起来特别吃力。但好在她肯吃苦，又肯下功夫，总算在三年后以出色的论文拿到了金融管理专业的硕士学位。

早在研三的上学期，小君就开始一边准备论文，一边投简历。经过三年深造的她，此时的心情与刚毕业的本科生迥然不同——她常常不自然地以研究生自居，对工作列出了"三非"原则：非大型国企不去，非100强金融外企不去，非主管职位不去。

曾有一家证券公司看中了她，给出的薪水也不错，但不是管理岗位。这让小君觉得有点亏，跟人家来来回回地谈了两三次，最终把人家给吓跑了。

小君始终觉得好的都在后面。事实证明，在国民经济呈"L"型走势的今天，为了缩减成本，大部分企业在人力选择上更倾向于有工作经验的本科生，而不是一出校门就显得高大上的研究生。

这样的现实让小君始料不及——为了找到一份合适的工作，她不得不放低要求，从主管职位降为一般职位，再从世界500强降为普通外企或是有潜力的私企。

三年前曾给过她offer的那家企业，再次面对她这个没有任何工作经验的研究生时，人事部主管说出了实话："我们若要聘用你，需要花费比本科生更多的薪水。从经济学上讲，既然我们可以用一个月薪5000元钱的本科生就能完成某项工作，何必请一个月薪上万的研究生呢？事实上，你们给公司创造的价值是一样的。"

小君难以置信地说："可我是研究生啊，您应该看到我的未来价值。"

"但很遗憾，企业不会这样去考虑问题。如果我目前看不到你能给公司创造的价值，或是你能创造的价值比你开出的薪酬少，那我何必雇佣你去做赔本买卖？节约成本，创造利润，才是根本。听起来很残酷，但这就是现实。"

现实让小君不得不再次放低姿态，高不成低不就的她又熬了半年，最终去了一家银行做职员，过上了朝九晚五的生活。

大学同学聚会的时候，大家都询问小君的去处，毕竟她当年可是班上数一数二的学霸。她面色尴尬地说自己去了银行。同学们立刻夸赞她，说还是研究生好，一毕业就能去银行工作。

同学们虽然这么说，但小君还是有些难为情，毕竟这份工作以及薪水都不是同学中最好的。

这期间，她听闻几个当年玩得还不错的同学居然已经当了公司主管，一年的薪水加奖金比她想象中的还要多。

小君的心态立刻就不平衡了。回到家后，她时不时地想，如果当时自己选择去了那家500强企业，现在自己会不会也和同学一样当上主管了？

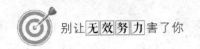

表姐也曾是类似小君这样的"幸运者"，但她却做出了不一样的选择。

当时，表姐只是觉得上了十多年的学有点腻了，她很想去外面试一试水，看自己究竟能游多远。

当表姐放弃读研而选择工作的时候，连家人都觉得她疯了。在他们看来，成绩还不错的她就应该继续考研，然后再找工作。但她还是力排众议，以三年为限，要让家人另眼相看。

表姐去的这家外企不是世界 500 强，而是一家初入中国的互联网金融公司，地处 CBD，坐在 35 层楼高的办公室里，可以看到市中心的全景。

但在互联网金融还未风靡的当年，表姐的这份工作并不被人看好，特别是她的家人总是提心吊胆，时刻准备着听到她卷铺盖走人的消息。

那段不曾在表姐 17 岁时迸发的叛逆期，不仅推迟了，还在来到之后悄然消逝了。她当时没想过干多久辞职，没想过这家公司会不会倒闭，只是放下一切，一门心思地工作。

也许是工作时间很有弹性，而且时刻充满新鲜感和挑战感，每完成一项上司交给的任务，表姐就会特别有成就感。虽然加班在所难免，但不管给不给加班费，表姐觉得那是她该尽的责任。

兢兢业业地奋斗了两年，公司在国内站稳了脚跟。上司也颇是看中表姐的能力，打算给她升一级。

表姐喜滋滋的，与此同时，她也发现了自身知识上的缺乏，觉得是时候给自己充充电了。因为，升职前要接受为期一年在美国纽约总部的培训，听闻培训的时间相对宽松，表姐便提前考了托福，申请了纽约大学金融硕士课程。

于是，周一到周五，表姐穿着职业装坐在纽约总部的会议厅里培训。周末，她便换上休闲服，背上双肩包，重新做回学生。

起初，表姐遇到了语言上的困难。

在刚去的半年里，表姐觉得读书对她来说是件相当困难的事，一想到结业时要上交的论文，她就头疼。为此，她不得不报了晚上的语言学习班，让自己再次全新地接受英语这门语言。授课的是一个"中国通"老外，性格很随和，教得也很认真，时间一长，表姐便和她成为了无话不说的朋友。

一年的时间弹指间即过，虽然每一天都很累，却也很充实。尤其每当完成一次挑战，表姐对自己的未来就更充满了信心。

总部对表姐的培训很重要，后来证明，那一年的金融课程学习更重要。因为，课程的设置很有针对性，里面讲的内容都是表姐工作当中会碰到的，实用性很强，对工作有着很好的指导意义，这也是后来表姐能够在众多竞争者中脱颖而出的关键。

很多人不理解，表姐为什么要花钱去读个没学历的课程班，因为这对在国内就业来说没有一点用处，根本就没有含金量。

每每这样，表姐只是淡淡一笑，因为她知道，她最缺的什么，最需要的是什么——硕士学历是好，博士学历更好，但如果不是她最需要、最缺少的，那么，它们也就只是两张毫无用处的纸。

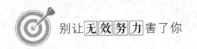

当然，我并不是想以表姐的例子来否定所有选择先读研再工作的人，我想要表达的重点是，考研不是你规避求职风险，或是借此攀高枝、赚大钱的方法。如果你只是为了找工作，或是跟风去考公务员，从而花三年时间完成这件事，那么你输掉的可能不只是工作，而是三年的青春。

其实，作为一个毕业生，如果能面对这样的选择题，就说明你已经很优秀了。读研或是工作，都要遵从自己的心，你的选择决定你将来要走的路——无论是哪条路，除了荆棘，还有来自他人泼的冷水。

但你始终都要坚信，毕业后你会有一万种可能——决定这些可能的，不是你的学历，而是你的心态。

6. 现在，发现你的职业优势

学妹琪琪某天给我打了一个电话，先是寒暄了 10 分钟，然后才步入正题。她想应聘我们公司的市场专员一职，可简历已经发过去好几天了，连个音信都没有。

我问她是通过哪种方式投递的。她说是邮件发送的。

我说："邮件发送很不错，有针对性，人事部不可能看不到。"

琪琪告诉我，她设置了已读回执，邮件应该被打开过，却一直没有后续的消息。她想让我问一下人事部门，到底是什么原因。

我正想着如何去找人事经理问问，便在茶水间看见小钟过来了。小钟和我关系不错，刚好负责的是招聘这块儿。

我想了想，直接跟小钟讲了这事。她听后，手一摆说没问题，但因为近期投递简历者众多，她得查查，回头在微信上跟我讲。

之后，我便一直忙于手头工作。

临下班前，小钟的信息终于来了。她问："是这个叫琪琪的吗？"

这句话上面还有一张截图，可以清楚地看到邮件标题上"个人简历"那四个字，而邮件正文除了开篇的一句"你好"，下面仅有一句冷冰冰的话：这是我的个人简历，请查收。结尾处倒是不忘写了一个"BR. 琪琪"。

再细看附件的图标，居然是一个我都不明白那是什么软件的东西。

紧接着，小钟说："这简历发得也太简单了吧？邮件标题连应聘什么岗位都没有写，更别提有什么特色。这个就不说了，再看看她附件里的东西，你知道那是什么软件吗？"

我一时语塞，回答不上来。

小钟的打字速度倒是比我思考的速度还快，不等我回话，她又说："这样的简历，我们根本不会打开看，而是直接过滤掉。对了，琪琪是你什么人啊？"

我顿了下，说："琪琪是我的一个学妹，在学生会的时候是挺机

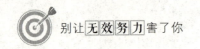

灵的一姑娘，挺爱美。估计她是为了彰显自己简历的不同，找了一个精美的软件在上面制作完成，然后发送过来的。"

小钟听后叹了一声，回复道："让她重新发一份过来吧。"

这事弄得我也很尴尬。我立刻给琪琪打电话，要她务必用 Word 再发一份简历过来，并且要把附件添加在正文里，邮件标题按照"应聘职位 + 姓名 + 优势"发送过来。

琪琪一听，愣了两秒钟后说："Word 多不好看啊，我那份简历可是精心制作出来的。"

我当下无语，正经地告诉她，如果她真的想应聘我们公司的市场专员，就按我说的去做。

琪琪见我语气硬，这便没了后话。半小时后，小钟告诉我，她终于看到琪琪的简历了，乍一看，这个姑娘挺优秀，很有本事，但细细一琢磨，又觉得她不够专业。

对于招聘这块儿，我属于门外汉，同样一份简历，我看到的点和 HR 看到的点根本就不一样。我尊重他们的工作，也相信小钟的专业能力，因此，对她是否看中琪琪我并无二话——我只告诉她，若是觉得这个人合适就安排面试；如果不合适，也不必照顾我的面子。

小钟素来知道我的性格，明白我并不是在跟她打马虎眼。后来，琪琪到我们公司面试了一次，就没了后话。

我对此没什么想法，琪琪也没再来找我。再后来，她也没来我们公司报到，看来是在面试环节被 Pass 掉了。

关于琪琪的问题，之后还是小钟主动跟我讲的。那天，我们下班后一起去逛街，顺便吃火锅。

其间，小钟讲起她收到的各种奇葩简历，诸如邮件是群发的，而且还不是密送，她都可以看到其他招聘公司的邮箱。还有，在简历里自吹自擂，把自己夸得好似第二个马云。更夸张的是，她收到一封求职信，打开一看，居然是写给某知名运动品牌的。

最后，她感慨道："若不是我做了这行，看了那么多简历，否则我还真不信，这世上居然真的有那么多人不懂得投简历。"

既然她这么说，我便干脆问她 HR 都喜欢什么样的简历。小钟告诉我，简历如果是以下几种情况，他们根本不会点开看：

第一，邮件标题直接是"求职简历""个人简历""简历"的。

这样的标题，HR 根本不知道你想应聘哪个岗位，你的优势在哪儿。那么多的人都投了简历，而空缺岗位需要的只不过是一两个人——你连最基本的信息都没有，何必浪费时间呢？

第二，附件标题为"新建 microsoft word 文档"的，统统 Pass，原因可参考上一条。

第三，群发的简历。

这种行为，一看就知道应聘者是想广撒网。殊不知，HR 最讨厌的就是这种行为，因为看上去有种投机取巧之感。而且，这说明应聘者对自己想做什么样的工作，在什么公司任职，以及应聘公司等信息根本就不了解。

第四，不断重复投递的简历。

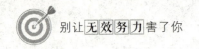

一个人一下子发送好几封一样的简历过来，大有刷屏之感，看了就让人心烦。

小钟说，一般而言，这种越想让 HR 看他简历的人，恰恰说明了他对自己没把握，又急于找工作。这样的人即便才高八斗，录用了，干不了多久也会走人——但离职率是公司的考核目标之一，这样的人只会浪费公司的资源。

紧接着，她又跟我讲了几条忌讳，其中一条就是：切忌把自己写得像个全才。

我对此略有不解，不禁问她："这样不是很好吗？现在不就是缺一专多能的人才吗？"

她摇摇头，跟我说："你前几天介绍的琪琪，就是这种类型。"

小钟告诉我，琪琪可能真如我所说的，在学校里表现特别优秀，又是学生会干部，成绩还不错，经常拿奖学金。她在实习经历里说自己曾当过某教授的助手，在上一家公司工作时做的是市场助理——她事无巨细地把自己做过的工作都罗列在简历里，看得小钟头疼。

小钟头疼的不是因为工作太琐碎，而是即便她一条条看下来，还是没有看到亮点。她跟我打了个比方——这就好比小说里的人物，一提到郭靖，我们想到的就是勤能补拙；一提到小龙女，我们想到的就是不食人间烟火。他们有很强的特点，也并不完美，但就是因为不完美，大家才能很容易地把他们划分到对应的人群中去。

简历也是这样。

　　分析一个人，从这个人的简历里就能看出来。世上的职位分工那么多，而且日益精细化，每个人只负责其中的一个环节就好了。因此，HR需要看到的是你要应聘的这个环节的能力和与众不同之处，也就是你的亮点——如果你在简历中把自己所有的能力全都展现出来，那么，HR会认为你是一个在该领域不够专业也不够深入的人。

　　正如认知失调理论中所讲的，当前后两件事给个体的认知带来冲突时，就会导致他的不适，并让他努力改变某种认知，以实现自我调适。同理，你的简历过于完美，反而会让HR对你产生不信任感。而且，他会觉得你夸夸其谈，不切实际。

　　小钟的意思是，对于琪琪而言，既然她想应聘市场专员，就该多看看公司对这个职位的要求是什么，从而找出日常工作中的切合点，并简明扼要地写出自己的优势。

　　还有一点，就是要压缩简历的内容。

　　小钟吐槽说："她只有一年的工作经验，好家伙，简历就写了三页。她这要是工作个十年八年的，那简历不得写上万字啊！"

　　我问她："那写多少页合适呢？"

　　小钟告诉我："最好不要超过一页。所有的信息都要简明扼要地写，关键性词汇比如类似'负责''主持''达成'等可以看出她工作能力的不能省，工作内容则完全不必一条条罗列出来，因为每个人的工作都很繁杂，总有些琐碎的事务，但这些又无法体现出你的能力和业绩，那为什么还要浪费笔墨呢？"

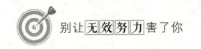

　　听小钟讲了这些，真是令我对这方面的了解增进不少。原想，不过是投简历而已，居然也有这么大的学问。

　　之后，小钟又讲到"海投"一事。她说，自己刚毕业的时候也会海投，想来大家想法都是一样的，觉得投出去的多，没准儿就有一家看中了呢。事实并非如此。

　　作为一名资深 HR，小钟坦言，她更喜欢看到的是一份专心。她曾经就收到过这样一份简历和求职信，透过求职信可以很清晰地看出，应聘者就是专门为公司而来的，他不仅在里面写了自己对公司的了解，还写了自己对应聘岗位的一些想法，以及对公司未来发展的一些建议。

　　虽然说，现在提建议还很早，但至少能说明应聘者的确是想到公司任职的，其忠诚度和归属感一定会比同级别的员工要高。

　　因此，她毫不犹豫地就通知对方参加面试。如今，他在公司已经工作了三年，还是经理级别的人物。

　　当今，公司里不缺专才，缺的是有极强忠诚度和归属感的人，这样的人给公司创造的价值，并不逊于那些自诩才干有多高的人。

　　小小的简历中藏着万千世界，你若认真待它，它定有回报；你若草草了之，它便石沉大海，杳无音信。

　　你对待前程的态度，决定了你对待简历的态度。好好地去完成一份简历，将它投给你真正心仪的公司吧，因为，时光不会辜负每个认真对待它的人。

第二章
不要让所谓的光环将你套牢

每个人都有属于自己的光环，如果只是一味地怀揣着过去的成绩不放，姿态高昂，对将来的自己只会是一种束缚。唯有放下光环，时刻接受新挑战，才不会被淘汰。

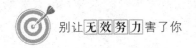

1. 不是每一个圈子都适合你

初入职的时候，对想做什么、能做什么，我完全不清楚。不仅如此，别看我每天工作从早忙到晚，可要是别人问我："你是做什么的？"我立刻就会呆若木鸡，继而自问："对啊，我是做什么的呢？"

为了搞清楚我是做什么的，我专门找出各大招聘网站，钻进职位搜索里研究了半天。那些五花八门的职位令我眼花缭乱，饶是如此，我还是没能找出最合适我的那个职位。

犹记得那次中学同学聚会上，大家一个个做自我介绍，有当老师的，有做飞行员的，还有做工程师的——轮到我，我只能尴尬地告诉他们，我在外企工作。

半年后，我做的是项目管理——严格地讲，这不过是真正意义上项目管理的一个分支，最贴近的表述应该是：专案管理。

那时，我一天到晚都很忙碌，最担心的就是自己负责的专案出现突发状况。因为，那样我必须要时刻跟公司内部的相关人员保持沟通，掌握最新情况，并及时反馈给客户。

我每周都有做不完的报表，以及开不完的电话会议。偶尔静下来，想想这份工作能带给我什么样的成就感，一开始完全想不到。

直到快要离开公司的时候，回头细想每一个在我手上经历从无到有、最终走向终结的文案——我看着它们成长，像每一个不希望孩子生病的妈妈一样，我必须要确保它们的稳健运行：这便是这份工作带给我的成就感。

只不过，遗憾的是，那时我并不明白这一点，相反，我觉得自己很浮躁——确切地讲，我不知道自己究竟属于哪一行。

等我入行快三年的时候，上司有意将我调入 RD，继续做 PM（项目管理）。我当时不明白，觉得自己在这儿做得好好的，并没有丝毫懈怠，为什么要调走我呢。

上司猜到了我的疑问，直接告诉我："你做 MPM 有段时间了，但这里的 PM 做的只是真正意义上 PM 的一部分，等你去了 RD，才能知道什么是真正的 PM，也才能够慢慢地进入这个圈子。"

同一个行业的人聚焦在一起，随着行业的发展，人越来越多，渐渐地形成了一个隐形的圈子。

从某种意义上讲，圈子没有特别严格的界限，形形色色的人从圈子里进了又出，出了再进。那些从一开始就坚持永远待在圈子里的人，便会随着时间的沉淀而变成元老。在这个圈子里，他们无疑是最专业、最懂行情、最具声望，也是拥有最好资源的人。

我们为什么要进圈子？

首先，进入正确的圈子有助于提高我们的专业技能。

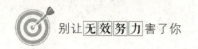

对于某些行业而言，初入行的年轻人并没有资格马上就能进入圈子。

面对自己的职业生涯，大多数人都存在一定的不稳定性，也许一年，也许两年，其中的一部分人就会脱离原来的工作，转而投向其他让他们更感兴趣的事。

而那些留下来的人，则会慢慢地进入所在领域的圈子，跟行业中的前辈一起共事，而这些前辈在专业技能上无疑是出挑的——跟比自己优秀的人一起工作、交流，要比你独自钻研专业提高得更快。

其次，在属于自己的圈子里生根发芽，有助于提升自己的知名度。

各行各业都讲究名气，就好比我们买东西都讲究品牌——它是品牌，如果还是大品牌，我们就愿意为了它掏钱。

一旦进入圈子，经过一定时间的积累，再加上前辈的提携和推荐，你会有很多机会成名——成名后，你就是品牌。

再次，进入圈子有利于扩展自己的资源，拓宽你的事业版图。

进入圈子之后，你就会和圈子里的各种人打交道，你们会形成相互促进的关系。几番接触下来，你的人脉会在不知不觉中扩大，你看问题的角度、思考问题的深度以及处理复杂问题的能力，都会有所提高。

当你成为圈子里的重要角色，你就会与这个圈子打交道的其他圈子互相来往，从而拓宽你的事业版图。

虽然圈子的好处这么多，却并非所有的圈子都适合你——只有进对圈子，你才能发挥圈子该有的功效。

Coco 是个作家，虽然她很想别人这么称呼她，但在她看来，自己还完全够不上作家这种称号。

她最初写作是因为在穿越文盛行的当年，她迷上了穿越小说。她看了相当数量的网文，加之想象力丰富，又有文笔功底，便开始胡乱地写了起来。

那时，写作对 Coco 来讲不过是打发无聊时间的一种工具。也许是刚写，对故事结构和情节的发展把握得不够准确，更新也是断断续续，多少不一。因此，在写作的前两年里，她一直没什么进步——她不去看网友喜欢什么，只写自己喜欢的。

后来，Coco 的一部作品被某网站编辑看中，她便毫不犹豫地签了约，在网上连载起来。可写着写着，她就发现不对劲了，因为她写的网文大多是文艺范，书名一般都是类似《橘子红了》这种——可编辑不乐意啊，这么个书名，放在网文的大浪潮中一定没人看。

编辑建议她好好参考一下首页上的书名。Coco 回到首页一看，直白的文风，戏谑的感觉，这与她写的故事内容完全不符。不仅如此，每一本小说差不多都要写上一百多万字，这是她完全达不到的。

从那以后，她方才意识到自己的作品和网文的差别，而那恰恰也是她的作品不被网友所接受的原因。

开始转投纸质出版圈的 Coco，走得也并不顺畅。她先是像个无头苍蝇似的到处寻找出版社的投稿方式，可投出去的稿子石沉大海，杳无音信。

喜欢写作，这段时间她依然坚持写网文，尽可能地往网文的标准上靠。但做起来并不容易，因为没有成绩做支撑，她曾一度对自己从事写作这件事产生了质疑。心情差的时候，她便会跟我开玩笑，说自己要"金盆洗手"了。

尽管现实很残酷，但 Coco 并不是轻言放弃的人。前期四处投稿的经历也并非全无收获——因为一次偶然的机会，她接触到一家出版社的编辑，这位编辑很喜欢她的文字，建议她不要放弃，多读多写，一定可以实现出版的梦想。

Coco 接受了这位编辑的建议，看了大量该出版社的书籍，还做起了市场研究。与此同时，她仍然保持每天最少 3000 字的写作量，不断地探索文章的写法和小说的写法，在故事和情节的安排上也渐渐有了起色。重要的是，她没了从前写作时的急躁和冒进，不为写而写，而是顺从自己的内心，写并快乐着。

几天前，我在朋友圈看到 Coco 晒出的处女作图片，不假思索地就在下面给她点了赞。她私信给我，调侃自己终于找到组织了。

看到 Coco 高兴的模样，我也被她深深地感动了。

相比较 Coco 的执着和我的迷茫，那些不确定自己该在哪个圈子里做事，而在多个行业中来回穿梭的年轻人，才是最可悲的。

阿牛就是一位典型代表。

他是我的一个发小，在长达 20 年的学习生涯中，他一直是"别人家的孩子"：他不仅成绩出色，还常年担任班长一职，无论在哪个学校、哪个班级都属于呼风唤雨式的人物。在他的成长轨迹中，"骄傲"一词从来就没缺失过。

可谁叫人家有骄傲的资本呢！

研究生毕业后，阿牛的第一份工作是银行职员，那是我们都很羡慕的一份工作——薪水高，福利好。可他做了不到两年，就辞职转投到了某 IT 公司。

那时，我们都觉得他好牛，想去哪儿就去哪儿，可以随心地找到工作。他对此没多说什么，多年来他已经习惯了被人崇拜。

阿牛在 IT 公司任职的那几年，我们都称呼他为 IT 精英，逢人便说自己有个特别厉害的哥们。不料，这位 IT 精英只做了两年再次转投传媒业，原因是：他觉得传媒业比 IT 更有潜力。

我不确定传媒业是不是真的比 IT 更有潜力，只能确定的是，阿牛在这行应该也待不了多久。

我曾经跟他谈过这件事：从银行到 IT 再到传媒，跨度如此之大，你究竟是怎么考虑的？

阿牛当时眼神很坚定，回答却很茫然："我只是想找一个适合我自己的行业。"

什么是适合？什么是不适合？判断的标准是什么？是薪水，还是未来的发展空间？遗憾的是，这些问题阿牛全都不知道。

表面上看，换了三个行业的阿牛职业生涯丰富多彩，实际上没有一个行业肯真正地接受他，因为他待不久，无法深入，最后了解的都是皮毛。

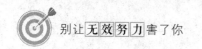

现在，年近 30 岁的他，一直在各行业中间穿梭，企图寻求自己的立足之地，到头来却发现无处可去。

随着行业的进一步细分，圈子也在发生着裂变，原本的一个大圈子，可能会分出好几个不同的小圈子。这些圈子看似相同，实则有着属于自己的一套规则，外面的人想进来，即使你是隔壁圈儿的，也必须要摒弃不同的部分，遵守人家的规则——否则，你即便进去了，也还得再出来。

并不是每个圈子都适合你，只有进对了圈子，才会对你有真正意义上的帮助。而自己究竟应该进哪个圈子，有没有进对圈子，就需要你自己来揣摩了。

进错圈子不可怕，可怕的是，你没有恒心——每个圈子都玩了一遍，结果哪个圈子都不要你，到最后，你就只有仰天长叹的份儿了。

2. 只有跟对人，才能做对事

有人跟我讲，有德有才的人不一定能成功。

我同意他的说法。一个人的成功要具备很多因素，包括出身背景、个人的努力以及把握机遇等。还有一点容易被人忽视，那就是你是否跟对了人。

有句话是这样讲的：你是谁并不重要，重要的是你和谁在一起。

一位给某富商当了 20 年的秘书决定辞职去环游全球。走之前，富商念及这 20 年来他对待工作的兢兢业业，打算给他 200 万元，让他安度晚年。

没想到，秘书却拒绝了，理由是：他现在有 2000 万元了，不需要这点钱。

富商很纳闷，困惑不解地问道："你一个月的工资加奖金不过就拿一两万元，怎么可能存那么多？"

秘书说："我跟着您去参加会议，看哪个地段的楼盘好，我就买一套小房子；您买哪只股票，我就跟着买哪只；前几年您投资互联网，我也投了一部分，现在那家公司运作得很不错，我还是股东之一。所以，我现在就有了 2000 万元。"

跟着什么样的人，做什么样的事。你跟的那个人能看到的高度，你可能一下子达不到，但至少你会找对方向。

在职场中，除了努力，是否能跟对人，对你的职业发展至关重要。

很多人觉得助理是一份最没有技术含量的工作，未来的发展也不见得有多好，升职机会更是少得可怜。其实不然，很多高层领导或是老板，曾经就有当助理的经历。

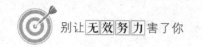

　　艾莉的第一份工作是销售助理，第二份工作是总经理助理，第三份工作是某集团中国区副总裁。她是我认识的朋友中职场晋升最稳且最高的人。我曾问过她关于职场成功的原因，她直言说，这要归功于她的两任上司。

　　艾莉的第一任上司是迈克，一个有着华尔街工作经历的青年才俊。当年竞聘销售助理的有三位，艾莉的条件并不算突出，至于迈克为何选了她，这要得益于面试前的那团纸巾。

　　当时，刚到公司的艾莉碰上一位还在打扫卫生的阿姨，阿姨收拾好垃圾准备离开，不想却把其中的一团纸巾落在地上了。不少工作人员从那团纸巾旁经过，都跟没看见一样，唯有她蹲下捡了起来，然后小跑着追上阿姨。

　　艾莉穿着高跟鞋跑起来很不给力，但她很有礼貌地把纸团扔进阿姨手中的垃圾桶，然后跟阿姨对视一笑。

　　这一幕恰巧被经过的迈克看见了，而那时艾莉并不知道这个人就是即将要面试她的考官之一，她更不知道，自己会为这个人工作三年。

　　艾莉成为销售助理后，主要的工作就是汇报数据，安排会议室，发布会议记录，安排迈克的工作日程等。那时，她刚刚参加工作，很多工作细节都不明白，是迈克一手教她的。好在她聪明，领悟力高，只用三个月就适应了所有的工作。不过那仅仅是白纸黑字上的工作。

　　助理这个工作可大可小，这要看做事的那个人是怀着怎样的一种心态。

原本，艾莉也是个只把眼睛盯住本职工作的人，但不久，迈克的一个问题提醒了她——那是在一次销售会议结束之后，迈克就会上提出的一个难点询问她的看法。

这把艾莉问蒙了，一时半会儿没答上来，尴尬得很。

迈克倒是好脾气，要她回去好好想想，明天再给他一个答复。

那注定是个不眠夜。因为这个难点，艾莉把会议上讨论的所有问题全都记在脑子里，有不明白的地方她还去请教各自的业务员。这样忙碌了一晚上，她方才有了自己的想法。

第二天，艾莉战战兢兢地把自己的看法汇报给了迈克。

迈克依旧面无表情，不说对，也不说不对，让她心里很没底。

还好，迈克至少没有皱眉，他只是淡淡地点了点头，叮嘱她说："以后就这样，每次开完会，除了会议记录，你都要整理一份自己的方案出来给我。"

艾莉叫苦连天，觉得自己不过是个小小的助理，薪水这么少，还没有提成，却要做这么复杂的工作。她一时无法接受，却又碍于迈克是领导，不敢不去做，而且还做得很认真——因为，每一次迈克都会在她的邮件下面写下很长的一段评语，有时是中文，有时是英文。

就这样，艾莉在悄无声息中逐渐掌握了整个销售部的运作，不仅仅是会议上的问题，就连如何与客户谈判、怎样具体谈价格，她都学得一清二楚。

慢慢地，艾莉成为迈克出差时的代理人，还会代表他去参加主管会议。她懂得越来越多，在工作宽度的驾驭上也越来越深。

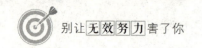

就当艾莉以为自己会一直这样工作下去的时候，迈克却要离开了。离开之前，在迈克的极力引荐下，艾莉成了总经理助理。她这才发现，她对迈克不仅仅只有埋怨和不理解，原来还有不舍和感激。

总经理罗伯特是个美国人，因为常驻中国，中文说得还不错，如果不是遇到紧急情况，他平时说的都是中文。

罗伯特和迈克是性格截然相反的两种人。迈克平时不怎么喜欢说话，更不会开玩笑，却能在客户面前侃侃而谈。罗伯特则是个善谈、不把工作当作一切的人——最重要的是，他不讲究什么工作方法，只要结果。

熟悉了对什么事都有清晰看法的迈克，对这个不按常理出牌的罗伯特，艾莉还真是着急。比如，迈克只喜欢喝黑咖啡，罗伯特对拿铁、摩卡、焦糖玛奇朵都可以，有种跟着感觉走的意思。再比如，给迈克的报告字体一定是 Arial，给罗伯特的分两种，PPT 用 Arial，Excel 用 calibri。

罗伯特起初对艾莉并不完全信任，尽管他曾经在主管会议上听过她的报告。不过，这种状况在她做了一年之后就没有了。

因为，他在艾莉身上发现了很多优点：她的观察力很强，可以根据他当天的脸色来判定当天帮他煮哪一种咖啡；她的报告做得很细致，有些不重要的或是有冲突的事，会做出两到三个方案让他选择。

还有，她的英文还算说得过去，尽管发音并不算特别标准。更难能可贵的是，她有一种全局观，这是罗伯特在上一任助理身上没看到的。因此，他很看重艾莉，有意栽培她。

罗伯特开始带艾莉出席一些重要的场合，给她看一些最新的行业文章和分析数据，还送她去美国总部接受高端培训，锻炼她的口才。

如果说迈克帮艾莉打下了一个坚实的基础，那么，罗伯特就是那个帮她添砖加瓦的人。

罗伯特给艾莉带来的是思维上的改变，她的眼界更广了，能想的事和能做的事更多了——交际圈广了，她逐渐在自己身上看到了很多种可能性。

艾莉为罗伯特工作了八年，无论是个人能力还是财富积累，都有了不容小觑的增长。当她发现自己不能再为罗伯特做什么的时候，她选择了离开。

30 岁出头的艾莉，应邀成为某跨国集团中国区副总裁，是该集团史上最年轻的女性高级管理者。而她能得到这个职位，离不开迈克的训练，离不开罗伯特的引导——他们让她坐上了一艘通往成功的火箭，快而准。

有人说艾莉很幸运，刚进职场就遇到欣赏自己的人，但对于大多数人来讲，这种情况实在是太少见了。也许，你无法选择你的第一个上司，却并不代表你无法选择第二个、第三个。

跟对人，就好比遇上了伯乐，他能看出你的潜质，从而点拨你、调教你，助你成功。很多有才华、有能力的人最终无法施展抱负，沦为平庸之辈，究其原因，就是没有跟对人。

这就好比诸葛亮之于刘备，姜子牙之于周文王，韩信之于刘邦，

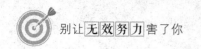

就连曾经饱受争议的陈平，也是为了求得明主，三易其主，最终在刘邦麾下得以发挥自己的才干并获得了成功。

一个人能力的大小，并不能决定他此生的命运，但如果你跟对了人，这个人就好像是你职场路上的一盏灯，他会帮你照亮前方的路——当别人还在迷茫不知何处去的时候，你可以早早地收拾好行囊，朝光亮的地方走去。

他还可以带你进入圈子，在圈子里认识更多的业内精英，从而让你变得更加专业，达到很多人奋斗一辈子都不一定能达到的高度。

3. 跟高学历的人学挑剔

去年我换了新工作，是一家初创的互联网公司。当时看中这家公司的原因有三点：

其一，该公司所从事的领域在国内还处于萌芽阶段，很有发展前景。

其二，该公司拥有自主研发的该领域操作系统，即：拥有自己的核心技术。

其三，该公司从创始人到合伙人，以及几个为数不多的团队成员，皆为美国名牌大学的博士或硕士。

有人恐怕要笑了，这年头博士、硕士算什么，都一抓一大把了，高学历并不代表高能力，理论流水线里出来的企业家都太教条，算不上是真正的企业家。

我们姑且不论高学历是否大多低能力，但我与这几位高学历的同人共事了一段时间后，还真真切实感受到了一些不同——最让我感受深刻的，就是他们的挑剔。

一、问问题很挑剔

你真的会问问题吗？

在来到这家公司之前，我和大多数人一样，本着不耻下问的原则，对于工作上的难题，不知道的就问。

这些问题里，80% 是类似"赤道为什么是椭圆的"这种完全可以通过网络就能得到答案的问题，剩下的 15% 是由此而延伸出来的问题，最后的 5% 才是涉及到工作核心的，被称作有水准的问题。

因为大家水平都差不多，我也不觉得这样问有什么不妥或是不好意思的。但在这里，我明显地感到了不同。

如果给问题的难度划个等级，由高到低分别是 A、B、C。我问的问题大多处于 C 这个级别，而别人却是 A。即便同事和老板出于礼貌并没有当面说你问的问题好 low 啊，可我却能通过答案深深地感到自己问的问题确实很 low。

很多时候，我都恨不得给自己一巴掌，骂一句：这种问题都问得

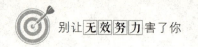

出口，蠢爆了！

要是在之前，我觉得问蠢问题也没什么，反正要蠢一起蠢。现在则不同，我的集体荣誉感这么强，怎么可能只容许别人聪明，就我一个人蠢呢？

不同水平的人，问出的问题自然不同。在跟这些带着挑剔目光的高学历者工作了一段时间后，我渐渐地学会了一套问问题的办法。正所谓：内事不明问百度，外事不明问谷歌。

如今，我慢慢习惯了一有疑问就先通过网络搜索引擎解决的办法。遇到不能百分之百解决的，就根据搜集出来的多方信息，经过整合处理之后，形成自己的看法，然后拿它和相关同事探讨，得出解决途径一二三来。

时间一长，这种方式就自然而然地成为一种下意识的习惯——一遇到自己不懂的问题，要先通过自己的方法去解决，继而得出自己的结论。

这种方式会促进一个人的思考能力，久而久之，便可触类旁通，在其他事情上也能体会到这种挑剔的好处来。

二、工作总结要有你自己的"idea"

一入职场深似海，从此总结是"家人"。

我经历过最多的总结是实习期每天要有日报，转正之后要有周报，然后是月中总结、月底总结。到了7月份，不只要写月底总结，还要有年中总结。好不容易熬到年底，还有一个年终总结。

那时，每个月不是在写总结的路上，就是在发总结的路上。写了这么多的总结，从 Word 到 PPT，无论什么方式、什么行业，归结起来，无非四大部分：你做了什么？成绩如何？不足在哪里？对未来的期许？

大部分人都觉得总结是用来应付的，报告写得再好看，没业绩都是白搭。

新老板很务实，他要的不是对未来的期许，而是你认为公司在系统设计、流程作业、市场推广等方面有什么需要改进的地方？与此同时，还要写上你的改进措施及看法。

对他而言，最想看到的不是你的 PPT 做得有多好看，也不是你写了多少页，而是你为了这项工作做了哪些思考，是不是有自己的想法，而不是人云亦云。

表面上看，这似乎脱离了本职工作，可老板就是要将你和公司的前途挂钩。

老板希望看到你对公司的思考，希望看到你除了本职工作之外还能为公司做些什么——往低了说，那是在训练你以高层的思维去思考公司的命运；往高了说，就是要你对公司有忠诚感和归属感。

三、跟"我不想"和"懒得做"say goodbye

从小到大，我尝试过很多事，却大多因为"不想做"和"懒得做"夭折了。

比如，因为工作的需要，我下定决心要好好练习英语口语，并

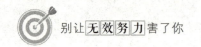

规定自己每天要抽出一个小时学习。其中，半小时听 BBC，半小时跟读。

当第一天圆满完成了任务时，我的内心跟花儿一样。然而，第二天我就因为懒得读而把学习时间缩短成了半小时。第三天，干脆就忘了。

结果，某天公司突然有外国客户来访，需要切换英文模式的时候，我才猛然想起那年那月那日想要练好口语的决定。

同样学的是语言，同样是每天一小时，新同事 Gabby 则不同，她能在一年后和法国人语音聊天。

我由衷地佩服她，跑去问她有什么诀窍。她笑着对我说："诀窍就是把你的计划严格地执行下去，不管发生任何事！"

另一个同事 Lucy 告诉我，Gabby 读书的时候就是这样，研一的时候想去学拳击，比对过附近的几个健身俱乐部后，她就报了名。一开始很累，她打得胳膊都抬不起来。

那会儿，Lucy 劝 Gabby 放弃吧，只把拳击当作一项娱乐活动就好了，不必这么当真。Gabby 没有听，每天按时去学。有次下大雪，天气特别冷，晚上的课都停了。饶是如此，她还是去了。据说，那天去拳馆健身的只有她一个人，连教练都请假了。

我听后恍然大悟，难怪公司里的男士都怕 Gabby，想来她的拳击一定不错。

但我好奇的是，Gabby 难道就没有不想去，或是倦怠的时候吗？

她听了之后，面色很平淡地说："当然会有。毕竟我也是个平凡人，谁会没有惰性呢？但我就想啊，我今天不做了，明天是不是要双倍完成呢？如果明天也没做，那后天就要三倍完成。如此下去，倒不如今天就做完。"

其实，我们之所以做得不够出色，之所以抱怨重重，就是因为我们对这个世界太挑剔，对自己太温柔。如果反过来，我们对自己挑剔一些，一旦有了计划，无论刮风下雨还是感冒发烧，都会坚持做下去，那时，世界才会对我们温柔以待。

我按照 Gabby 说的重新捡起英文，先给自己定了一个小目标：坚持一周。出现任何"我不想"或是"懒得做"的时候，就暗示自己不学不行。我发现最难的时间是第三天和第四天——只要熬过去，后面就没那么难了。

四、眼界再宽一点，思维再阔一点

在同行还在通过邮件来处理客户问题的时候，我们已经有了一套属于自己的操作系统。该系统不仅可以很全面地解决客户的疑难问题，而且时效高、出错率低——别人一个多月才能完成的单子，我们在一周内就可以完全处理好。

现在，这个操作系统依旧在不断地完善和改进中。未来，它的功能将愈加强大，并趋于人性化。

有一次，跟老板开电话会议，他希望我不要将眼界只放在目前这一小块儿工作领域。如果我只盯着手里的这一摊工作，就算我做了 10 年，会的还只是这一块儿，我的能力也就仅限于此，没有其他突破。

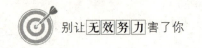

如果我能在业余时间尽可能多地查看行业资料，了解行业动态，不仅可以发现别人发现不了的机会，也会增进自己的大局观。

李尚龙说：我们要做创造平台的人，而不是选择平台的人。

这句话令我感触深刻。如果你只是局限在自己现有的领域，对你的思维和未来都将是一种束缚——与其被平台选择，不如自己创造平台去选择别人。

只有掌握主动权，未来才可能有话语权。这便是大局观。

有人说，读了那么多年的书，能有什么用？这就是用处。

做同一件事，一般人的思维只停留在 a，而多读了几年书的人就在 a^2，甚至是 a^3。思维方式不同，知识厚度不同，决定了他们做事方式的不同，以及结果的不同。

同样是开公司做生意，同样是为了赚钱，但对于老板来说，除了赚钱，想要的会更多——他们想做最有价值的公司，想做最不可替代的公司，如独角兽一般特立独行在这个功利化的时代。

事实上，能把书读到一定的水准，他们首先就拥有了常人所无法达到的毅力，以及克服困难的决心。与其说他们在不断地挑战比自己还优秀的人，不如说他们是在不断地挑战自己。

我们常说，要多跟优秀的人在一起，你才有可能成为优秀的人。与人相处，要多看他们的长处——和高学历的人在一起学习挑剔自我，你会自然而然地发现自己的缺陷，从而不断地自省、改进。

渐渐地，你会发觉原来自己也可以变得更好。

4. 工作不养闲人，团队不要懒人

苏荷是和我一起长大的发小，长相甜美，笑起来有两个酒窝。在我的少年时代，她一直是罩着我的那个人。那时，胡同里有四五个小伙伴经常聚在一起玩游戏，拼输赢，我总跟在苏荷的屁股后面，因为跟着她能得第一。

苏荷比我大半年，发育比我好，她一顿饭的食量顶我一天，因此，她特别有劲儿。

在那个没有性别之分的少年时代，如我一般的弱者一定得找个强者，所以，苏荷就是我的保护伞。当然，我也有自强的想法，只是一直没成熟，也不知道该怎么变强。因为，无论我怎么努力，一顿饭也吃不下两个馒头。

于是，苏荷对我说："你别吃了，我走哪儿都带着你，别怕。"

有一天，苏荷和我为了争第一，跟一个男孩子起了争执，苏荷很是生气，上去推了一下那个男孩子。男孩子精瘦得跟火柴棍一般，却对苏荷很不服，他乘苏荷不备上前踢了她一脚，踢完就跑。

苏荷和我就在他身后追。我没什么用，跑了几步就感觉心脏要跳

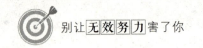

出来了，步子渐渐地慢下来。苏荷还是不依不饶地追去了。

我看着苏荷的身影越来越远，心慌了，转头跑了回去。偏巧苏荷的妈妈正和我妈在一块儿织毛衣，我便把方才的事说了。苏荷妈妈立刻就来气了，放下毛衣，直奔苏荷的方向寻去。

我忐忑了一个晚上，次日才得知苏荷扭伤腿的消息。

其实，苏荷不只是伤了腿，脸上也挂了彩，刚出来的新牙也掉了一颗。当时我看着她，问了一句特别没意思的话："你疼吗？"苏荷看着我，眼泪流了下来。她说："干吗要争第一呢？"

这事给了苏荷一次大大的打击，原本争强好胜的她再也不争第一了。而这个想法，还逐步渗透到她的学业和未来的工作上去了。

读书的时候，她跟我说："考第一有什么用？"工作了，她又对我说："业绩第一有什么用？"

读书的时候，我听了苏荷的话会心疼，我说："苏荷，你是不是被小时候的那次经历影响得太深了？其实，那就是一次争执。读书的确不是只为了考第一，但至少这是个目标——有目标就有奔头，有奔头才能考好成绩，才能上好大学。你难道不想上好大学？"

苏荷摇摇头说："好大学和坏大学的区别在哪儿？无非就是名气大了点，老师好了点，但学习是自己的事，别人帮不了你什么。既然如此，又何必一门心思地考好大学呢？"

我不得不承认，苏荷的逻辑有些神。有段时间，我还曾被她这番言论"洗脑"了，幸好后来我们搬家了，双方的联系也就少了很多。但我当时没有受她影响，继续在学校里争第一，之后辗转得知她的消息：她上的大学不好不坏，学习成绩不上不下。

我曾以为，苏荷得过且过的心态全都是受了孩童时的影响，之后我才明白，那不过是她的借口。

工作后，我和苏荷有幸在一栋写字楼里工作，有时会约着一起逛街、吃饭。可时间一长，我就不想再跟她一起了，因为每次跟她一块儿聊天，我的思想就会被她带偏：我会觉得，工作不过就是工作，有合同约束着，只要不出错，老板不能拿我怎么样。

可这种思想跟我的初衷截然相反。我想要的，不光是每个月几千元钱的工资，我希望可以在工作上发现自己的价值，希望自己做出一番大事来，让老板器重，让客户满意。因此，每次跟苏荷聊过之后，我就会消极，觉得自己做的一切都是那么不值得。

我讨厌这样的自己。

和苏荷渐渐疏远之后，某天我在楼下的烘焙店里碰到一个人，那个人惊讶地指着我，一下子就叫出了我的名字。

这回轮到我惊诧了。对方笑说，她是苏荷的同事，之前总看见我和苏荷在一起，因此认得我。

我们随后在烘焙店找了个位子聊起来，谈的话题基本都是苏荷。

同事一脸惋惜地对我说："我真是不知道苏荷到底怎么想的。上面好不容易下来一个升职的名额，让他们部门争，看谁有本事谁就做主管。平时，我见苏荷有一搭没一搭的，以为她是在等机会，结果，机会来了，她还是无动于衷。"

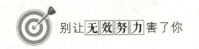

　　从同事口中得知，苏荷不仅消极地对待工作，更消极地对待这次的升职竞选——在她的意识里，自觉根本就没有争的必要。因为已经有了这种思想，她又怎么可能有积极的行动？

　　或许，在她看来，工作就是用来维持生计的，不需要争优，不需要争第一，也不需要升职加薪。她觉得一个资深的、即便没有管理职位的人，在公司里也同样会得到他人的尊重。

　　苏荷从来不早到，从来不加班，回到家就看电视剧，因为无欲无求，所以也就得过且过了。如此一来，更没有充电的必要了。

　　苏荷在自己的逻辑体系里一天天地过着，日子如流沙般悄然溜走，慢慢地，她脱节了，落后了。遗憾的是，她并不悔改。

　　噩耗往往就在一瞬间传来。

　　得知公司倒闭的时候，苏荷以为这是电视剧里的情节。她睁大了双眼，看着所剩无几的同事在收拾自己的东西。那时，她才从自己的幻想里醒来。

　　离开公司后，苏荷心想：天底下的公司那么多，又不是只有这一家，上家没了还会有下家。于是，30多岁的她开始走上漫漫求职路——只不过，简历投了很多，却很少得到回复。

　　接下来的三个月里，苏荷不是在准备面试的路上，就是在通往面试的路上。每个公司都会看求职者在上一家公司的表现和业绩，很可惜，苏荷在这方面丝毫不占优势。

　　这期间，苏荷碰见之前的一位同事，得知对方已经找到新工作，而且公司规模比上一家还好时，她真的是一脸艳羡。之后她才知道，最后走的那几个同事里，总经理根据个人表现给其中几个人写了推荐信，而那位找了一份不错工作的同事，正是拥有推荐信的其中一位。

即便苏荷嘴上不说，但她还是无法掩饰懊悔不已的表情：如果那时她努力一些，如果那时她敢想、敢拼，如果那时她真心对待这份工作……然而，没有如果。

事实上，职场里并非只有苏荷这样的一个例子。很多人抱着混日子的念头，在自己的工作岗位得过且过，还美其名曰"淡泊名利"。然而，不思进取才是最适合他们的词语。

也许，他们曾经努力过，但因为没有看到结果，或是得到一个和预期相反的结果，于是便不再奋斗，不再上进。他们把一切都归结在其他因素上，认为自己的"无为"其实是大智慧。

殊不知，那些被他们怠慢过的时光，最终会辜负的只有他们自己。

我时常会把凌楚的事例讲给想要放弃奋斗的年轻人听。

凌楚是好不容易才进我们公司的，因为她学历低，只是大专毕业，公司原本不想招她，但她很勤快，又灵巧，便给了她一个前台的位子。

但凌楚却不把自己只定位在前台上。我发现，她在准备本科考试的时候是一个中午，那天我刚好走得晚，就见她吃着一份快餐看英文书。

我对她说："你想用功也不差这一个小时，好好地去吃顿饭岂不是更好？"她笑呵呵地对我说："不必了，反正在外面吃也差不多。"

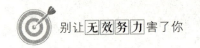

那时，凌楚并没有走入我的视线，她真正让我刮目相看源于公司人事部的一次招聘，因为她居然想试试。

当时，凌楚已经拿到了本科毕业证，按理说她是有资格的，但在众人眼中，她还是那个学历不起眼的大专生。不少人在背后说她的风凉话呢，说她这样的还想争。

但不管别人说什么，凌楚就是不肯退却。意外的是，她还真的通过了考核，从前台变成了行政助理。做行政助理的那三年里，她又考了在职研究生，即便是学业最忙的时候，她的工作也没落下。

有一次，我问她："你为什么这么拼呢？"

凌楚说："之前我年纪小不懂事，浪费了很多时光。后来，我不想再那样过了，也想给自己争口气，于是就……"

我打断她说："可是，你要知道，即便你拿到了研究生毕业证，即便你卖力地工作，老板也未必会给你加薪，未必会提拔你。"

凌楚点点头说："你说的没错，努力了不一定有结果，但如果不努力，就一定没结果。不管怎样，我只想利用好每一天去做我想做的事，争我想得到的东西，至于结果，没那么重要。"

结果并非不重要，它可能会在别的方面体现出来，也可能会推迟。

从根本意义上讲，在公司里争第一和在学校里争第一是一脉相承的。

你得了"优秀员工"的称号，可能就只有1000元的奖金；你拿了业绩第一名，可能就比别人多出几百元的奖金。表面上看，这没什么值得争的，但如果你肯去争，你真正得到的远不止这些钱，还有处理问题的方法、业务能力的增强，就算以后离开了这个平台，你还可以在其他任何一个平台上施展抱负。

既然想要更好的人生，就必须敢想、敢争。

5. 不要让所谓的光环将你套牢

学妹 M 在微信上跟我抱怨：她觉得自己出身名牌大学，又是硕士，凭什么工作后要给本科生做下属。而且，工作枯燥乏味，很单调。她十分担心自己聪明的大脑被这种毫无前途的工作所累，最后成为"脑残"。

这话虽然有调侃的意思，却也真实地反映了 M 当下的心态。虽然她已经步入职场一年多，但她还是放不下过去的辉煌历史——她从骨子里看不起自己的上司，觉得自己比人家学历高，能力自然也就比人家强。

然而，事实真是如此吗？

未必！

既然对方能成为你的上司，他就必然有可以支撑他居于高位的能

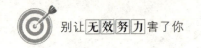

力。而 M 能这么想，显然是被自己出身名牌大学这层光环给套牢了，以至于自傲到目中无人。

无法忘记曾经的荣耀，就没有办法融入现在的生活。可以肯定的是，如果 M 一直这样想，那么她未来的职场生涯让人堪忧。

M 的抱怨，让我想起一位前不久还在朋友圈感慨人生的好友唐怡。

那天，在朋友圈里一向生龙活虎的唐怡，发了一张愁眉苦脸的自拍照：噘着嘴，眉间皱成一个"川"，又大又圆的两只眼睛瞪得跟铜铃似的；暗黑背景下是一张白得吓人的脸，几缕碎发散乱地垂在脸上。

冷不丁一看，还以为这是某恐怖片的海报。

我在下面发了一条关切式的问候，不一会儿，唐怡直接私信我：琼华，我不开心。

在发这条朋友圈之前的十几年里，唐怡这个名字是跟优秀绑定在一起的。

读书的时候，作为别人家的孩子，唐怡一直是我父母拿来教育我的典范。跟她做了十年的同学，我总能在校报里看到她写的文章，总能在学校举办的大小活动上听到她发言。

最关键的是，她每天很忙，却还能参加奥数比赛，会考时是全年级寥寥无几拿到九 A 的学霸之一。

那时，唐怡骄傲得就像一只孔雀，她不仅是家里的"天之骄女"，更是学校里的大红人。那时，我做梦都想成为她。

当我费尽九牛二虎之力考上大学后，唐怡则如愿以偿地迈入某名牌大学的经管系。我以为她进入人才济济的名牌大学后，光芒会暗下去，不会再那么骄傲——不承想，她的多才多艺在那里得到了充分地发挥，入校没多久就成了大红人，次年就当上了学生会主席，风头更盛。

我唯一庆幸的是，自己终于不再和她做校友了。

唐怡顺利地拿下名校的毕业证后，考上了公务员。做了一年多公务员之后，她发现自己志不在此——她想趁年轻出去走走。于是，她毅然决然地扔掉了铁饭碗，埋头准备考雅思。半年后，她申请到了去英国留学的资格。

在唐怡留学的岁月里，我每天睁开眼最想看到的，就是她在朋友圈分享的留学经历。

不同于其他出国旅游或是留学的人，唐怡总是刻意地不去讲课业有多繁重，也不单纯地去拍异国风情的照片，而是将她走的每一个地方写成一段小故事，然后穿插两三张照片。

照片拍摄得很有文艺气息，与她的文字相得益彰。后来，她趁空闲时间将其整理成书，被国内的出版社看中，得以出版。该书上市之际，正是她回国之时。

顶着无数光环的唐怡回国后，进入了邀请她的互联网公司。因受上司器重，她干劲十足，而她过往的经历变成各种美丽的标签，跟着她到处行走。她很享受这种万众瞩目的感觉，那段时间，在朋友圈里

她晒的是各种高档酒店以及各种我想见却没资格见到的大人物。

就在我以为唐怡的人生会一直这样开挂下去时，结果，有一天她突然晒了一张印有公司 Logo 的图片，文字配的是"离别"。

跟唐怡私下了解后方知，那个特别欣赏她的上司离开公司出去创业了。人家本想叫她一起走，但她觉得创业不稳妥，婉拒了。而让她没料到的是，上司一走，连带着把她的运势也带走了。

一朝天子一朝臣，此话在职场上同样适用。

新上司的做法截然不同，不仅全盘否定了尚未开始的项目，对唐怡也充满了质疑。他们在行事作风与工作方式上出现了极大的分歧，加之唐怡自视甚高，口无遮拦，几次顶撞新上司，弄得对方十分不满。这带来的最直接效果就是：唐怡的奖金少了一半。

不仅如此，原本说好的升职计划也夭折了，公司要调唐怡去另一个相对清闲、不重要的部门里去。一气之下，她交了辞职信。

唐怡在微信里对我诉尽苦水，她认为那个新上司分明是针对自己，觉得自己是前任的下属，一直不信任自己，做任何事他总能挑出刺儿来。

我想，每个人的性格不同，做事方式自然就不同。每个下属都要有一段和新上司磨合的适应期，而要经过这段磨合期，就必须有人做出妥协。作为下属，难不成还想让你的上司去适应你吗？

于是，我劝她请新上司吃顿饭，聊一聊，说开了，也许问题就解决了。

唐怡生气道："哼，我才不要跟他一起吃饭。我走了，看他怎么在短时间内找到接替我的人。"

这一次，新上司又做了件让唐怡倍感意外的事——唐怡还没彻底离开的时候，新上司就找到了顶替她的人。这事成了她辉煌前半生的唯一败笔，她一直对此耿耿于怀，但她心高气傲的性子并未因此有所收敛。

离职已经大半年，唐怡一直没能找到适合自己的新工作。面试过的几家公司，不是认为她要的工资高，就是无法满足她的职位要求。接二连三地被拒绝后，唐怡困惑了，她想不通：自己这么优秀，有过那么出色的成绩，为什么还会被拒绝？

她不知道，就是因为她放不下曾经的成绩，一贯地自视甚高，从而掉进了由这些成绩装饰而成的漂亮套子里——她深陷其中，想出去却又舍不得，可不出去就只能被套着。

顶替唐怡的人叫苏晴，如果不看她的简历只看她的外表，你会轻率地以为她很普通。

这个错误我当年就犯过。当时，作为供应商的业务专员，苏晴到我们公司谈单子，而我正是那个单子的负责人。她那不足一米六的个子，让我优越感倍生。结果，两个小时的会议下来，我彻底改变了她留给我的印象。

苏晴逻辑思维清晰、谈吐不凡，对我提出的问题甚至刁难表现得不卑不亢。原本，我想借单子中的突发事故将她一军，不承想，她认真的态度和快速的反应能力并未让我得逞。

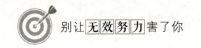

最终，我们按照她提出的解决方案达成新的协议，愉快地化解了危机。

会议结束后，我特意去了解了一下苏晴，从而发现：跟唐怡相比，她的简历真是有过之而无不及。与唐怡不同的是，同样光环加身的苏晴每当遇到新任务，她就会忘记头上那可以闪瞎人眼的光环，然后从零开始。

苏晴并不是新上司带来的人，而是从另一个部门调来的。她报到的第一天，新上司不明所以地问她："我听说你的工作能力和你的学习能力一样出色，为什么你刚才一点都不提？"

苏晴回答道："那些成绩都是过去做出来的，过去的成绩只能说明我对工作的态度。现在，我要面对的是全新的工作，而每项工作都有区别。至于我的能力，相信在今后的工作中我可以让您看到。"

新上司可不是一个好糊弄、喜欢听下属发表豪言壮语的人。但有一点，他还是很欣赏苏晴的，那就是她态度很端正，对工作的认识、对自我的认识很正确——最关键的是，她的应变能力够强。

其实，在职场中不一定只有换一家公司才是换一个环境，很多时候，换一个上司也就等于换了新环境——谁能最先放下从前的工作模式，调整心态，谁就能很快地做出成绩，让你的新上司眼前一亮，成为下一个红人。

之后的工作中，新上司越来越发现，苏晴是一个怀有谦卑心态的年轻人，尽管她有很多值得人称赞的成绩，但她从来不提。遇到自己拿不准的事，即便是比自己职位低的人，她也会放低姿态去请教。

渐渐地，原本对业务相对生疏的苏晴很快掌握了工作要领，做起事来越发游刃有余，很得新上司的器重。

在一次小聚会上，新上司和苏晴聊了一会儿。他告诉苏晴，原本他是很看重唐怡的，但她气焰太旺，过于自以为是，这对将来的工作开展很不利。于是，他暂停了她的升职，还削减了她的奖金，调她去另一个部门。

他的真实目的不是为了惩罚她，而是想让她全面地熟悉公司的运作，为她的升职增添一道筹码。可惜的是，唐怡领会错了，再也回不去了。

我把唐怡和苏晴的故事讲给了刚大学毕业走向社会的学妹 M。她听后，沉默了很久。

对唐怡来说，她过去的业绩只是曾经，它只代表你曾经很优秀。对初入职场的 M 来说，名牌大学和研究生学历也是曾经，它只代表你学习能力很强。而在新环境下，一切将是另一种考验。

每个人都有属于自己的光环，如果只是一味地怀揣着过去的成绩不放，姿态高昂，对将来的自己只会是一种束缚。唯有放下光环，时刻接受新挑战，才不会被淘汰。

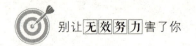
6. 争做职场里的"刺儿头"

先给大家出一道选择题：下面的两种人，你会对哪一位进行升职？
（　　）

A. 同事眼中的老好人，跟同事关系相处融洽，很好说话，专业能力不错。

B. 同事眼中的"刺儿头"，对人要求严苛，他的专业度在领域内为 NO.1。

不要急着选答案，让我们先来看一则故事。

五年前，安琪和罗小飞一同被杂志社招来做助理编辑。如今，两人都成了社里的骨干编辑，只不过，相比受欢迎的罗小飞来说，安琪似乎并不被大家喜欢。但凡提起安琪的名字，大家就会把她跟"挑刺儿""不随和""一根筋"这样的词语挂钩，有时大家聚会也不会邀请她去。

倒是罗小飞，从一开始就深得大伙儿的喜欢，她不仅人长得乖巧，还乐于助人，比如为大家买下午茶，再如出游回来给大家带一些当地的特产，有时候若是谁有急事，她还会主动帮忙处理。

总之，说起罗小飞来那是有口皆碑。而且，人家的专业水平也不差，靠的是真本事，在杂志社里的人气非常高。

后来，社里的副主编离职，急需一位有经验、有才华的人填补这个位置。一开始，社里决定外招，但面试了几个人都不甚满意，于是打算在内部竞选。

得知这个消息后，杂志社都炸开了锅，大家在背后开始议论纷纷。编辑部有三个人，罗小飞、安琪和卓琳。大家认为，卓琳即将生娃了，副主编应该不会是她。于是，这个名额落在罗小飞和安琪的头上。

聚会时，大家都说此次竞聘非罗小飞莫属。罗小飞当时嘴上谦虚，心里实则乐开了花。

谁知，新任副主编的居然是安琪！

一时间，大家都惊呆了，纷纷吵嚷着，说这里面有黑幕。

安琪上任的第一天，大家因为心里不服而没给她好脸色，工作上也是百般推脱，不肯好好做。社里压了一大堆的稿子，没人能给出个审稿结果。

卓琳去请产检假的时候，刚好跟主编提起此事。主编听后，顿时就黑了脸："他们想做什么？这里是杂志社，不是儿童乐园。人事任命又不是拼人气，简直就是胡闹！"

卓琳是杂志社的老人，跟主编倒也有些私交，既然他说到这里了，她也就把自己的心里话给说了出来。她问道，她不明白主编为什么会给不太受欢迎的安琪升职，而不是资历、能力和口碑不错的罗小飞。

主编长叹一声，说："你这话只说对了一半。罗小飞和安琪在社里的年资相同，能力却并不相当。我问你，在发掘作者和优质稿件上，她们二人谁厉害？"

卓琳想了想说："罗小飞也发掘了不少作者，但在成绩上却不如安琪。不过，安琪这个人本身就胆大，不按常理出牌，她经常连招呼都不打就去跟作者面谈。

"她还对已经设计好的封面多有挑剔，她做的书哪一次不被修改个十几遍，就连颜色和边角的地方都挑。这太让人受不了了。还有一次，原本是其他同事的作者，都过了终审，她却在会上提出不能要这部稿子，这不是害人吗？"

主编反问："后来呢？那部稿子是不是的确不可以出版？"

卓琳傻眼了，一时无语。

主编继续说："你说的没错，安琪的确我行我素了些，但她对出版业的政策、稿件质量以及图书宣传的把握都有一套独特的方法。而且，事实证明，她的方法行之有效——她策划的那几本书，一直是社里最畅销的，这一点可是罗小飞做不到的。"

卓琳一听，这才明白主编为什么会给安琪升职，而不是给罗小飞升职的原因。

主编又告诉她一些不争的事实：其实，他也并不喜欢安琪这个人，她多少有些恃才傲物，不把社里的规矩放在眼里。平时，她也不懂得维系同事之间的关系，对同事出现的问题和错误，也从来不会妥协或是私下里婉转地说，即使在会上，也总是不顾情面地驳斥对方的想法。

林林总总下来，安琪的确不能算是一个很好相处的同事，但也正是因为她的专业过硬，才会有这样的底气去挑别人的刺儿；也正是因为她敢想敢做，才最有资格去做副主编，带领大家做出更好的图书来。

谢菲尔德大学的研究人员通过分析个人品质对生产能力和薪酬的影响后，得出这样一个结论：友好待人的员工，比那些不太讨人喜欢的同事收入更低。虽然他们工作认真，但从不主动要求加薪，他们过分注重团队合作，一心只想讨别人喜欢。

研究还发现：受人欢迎的员工，在团队合作中更容易取得成功——但对于他们的个人表现却有三个不利影响：

首先，他们帮助他人，可能会降低个人的工作效率。

其次，他们要求提高工资时，可能无法取得实质性进展。

再次，他们可能会进入不太稳定、工资较低的岗位。

前同事李冉，就是一个受欢迎的标准职场人士。那时，她在公司里做外贸业务，虽然不算是业绩最突出的那个，但至少也能排前三名。

李冉对工作兢兢业业，从不敢懈怠。曾经有一次，她发高烧都38度了，依然坚守在岗位上，处理客户的退换货问题。

她在公司里的外号是"万事通"。大家之所以给她起这个外号，一来她在公司干了有些年头了，属于资深员工；二来她对业务十分娴熟，但凡大家有不知道怎么做的事，问她，她一定能立刻给出答案；三来她是个热心肠，谁要是请假调休需要她顶班，她来者不拒，而且还给你做得稳稳当当。

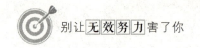

试问，这样的人谁会不喜欢？

然而，就是这样好的一个人，最后居然被公司辞退了。

得知这件事的时候，我已经不在那家公司了。但基于那些年的同事之情，我还是很快找到李冉，跟她了解情况。李冉倒是很淡然，好像丢掉工作并不是一件多大的事。相反，她觉得自己做了一件善事。

这件事的起因是，公司效益下滑，人力成本过高——为此，公司决定重组架构，精简部门和人员。这样一来，就有不少人要被裁掉。

消息一出，各部门领导就开始上报裁员名单，被兼并的部门要裁掉2～3人，保留下来的部门也要裁掉1～2人。很不幸，李冉所在的部门被兼并了，他们部门当时总共有10个人，还包括三个刚毕业的大学生。

原本，像李冉这样的老员工根本就不可能被考虑进去，不承想，某天她被叫到了领导办公室，领导和颜悦色地跟她讲了裁员的事。

她当时还不明白，只懵懵懂懂地听着，直到领导说到公司很难，他也很难，现今这个社会，有工作经验的要比没工作经验的好找工作得多——如果那个人很有能力，找个薪水更高的工作也不是不可能。

李冉开始觉得气氛有点怪，一颗心提到了嗓子眼儿。她盯着领导，听他说："李冉啊，我知道你很优秀，工作上谁都挑不了你的刺儿。你是个人才，人才到哪里都是很受欢迎的。但是，小张就不同了，她是个刚毕业的大学生，工作还没满一年，承受能力也没你强，若是丢了工作，再找工作的难度肯定会比你高。"

领导从抽屉里拿出一个白色信封，递给李冉，说："李冉啊，这是我给你写的推荐信。你看看能不能帮帮小张，毕竟她也是你带过的人，你也不想她失业吧？"

李冉算是明白了，领导这是让她行行好，留下小张，自己走。她的心里是一万个委屈，一万个不愿意。她想：凭什么啊？就因为我有工作经验，就要去成全一个没工作经验的大学生？那我从前的努力付出都去了哪里？

她从来不会想到，好人缘带给自己的结果竟然是被辞退。但事已至此，纵然她不情愿，也还是硬着头皮答应了。

李冉告诉我，当她看到小张的那副笑脸，她才释然了。

李冉真的释然了吗？不见得。

职场的"刺儿头"，并不是说可以无理取闹，而是要成为自己所在领域的大拿，正如《我的前半生》中贺涵对罗子君说的那句话："先做可以取代所有人的利器，再做谁都不可替代的神器。"

你该有自己的原则，有自己的底线——职场不是你来当老好人的地方，你要明确自己的目标，从而有所为、有所不为。否则，你的好心可能终将被辜负。

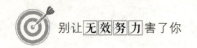
7. 刨根问底是门必修课

公司里新来的实习生小宗，是个办事勤快、走路带风的 95 后姑娘。她长相甜美，声音也美，很招办公室人员的喜欢。我们不在一个部门，她给我的印象总是一天跑来跑去的那种——很忙，却又不知道她为什么这么忙。

这个周末，我和周琦一起逛街，其间说起小宗来。我一个劲儿地夸她，说她长相甜美，办事利落，将来转正不是问题。

周琦点了点头，不过言语间还是带着某种不确定性："那姑娘是不错，可还是差了点。"

我困惑不解，并让她别以职场老鸟的身份去要求一个菜鸟，人家也是需要成长空间的，不能一味地贬低。周琦好一顿跟我喊冤，非说我错怪了她。紧接着，她便跟我讲了小宗的一些事。

按照周琦的说法，小宗这个姑娘是够聪明伶俐，却有一知半解的毛病，做什么事从来不问个彻底——明明有些不懂，可就是不问，要么就是只问其一，做完后再问其二。如此反复，也难怪她每天都不停地跑来跑去。

周琦的话，让我想起之前小宗跟我要过一张销售数据表，我当时给了她，之后的三个小时里便遭遇她不同程度的询问。

她最先问的是销售数据表的参考依据，我告诉了她。过了半小时，她又问我为什么今年5月份的数据比去年低那么多，我随后将原因一一说给她。大约又过了20分钟，她的问题又来了——她这次问的是数据表里面的一个公式链接。

我当时手头还在忙别的工作，实在禁不住她这样一遍遍地询问，跟不定时的炸弹一样，很让人提心吊胆。后来我实在忍不住了，就索性问她："还有什么问题没有？我一次性都告诉你。"

小宗听出了我的话外音，颇有些尴尬，讪讪地说："没有了，谢谢华姐。"

我以为她是真的没有问题问了，结果，一小时后她又跑来了，一脸抱歉地跟我说："不好意思啊，华姐，请问这个表如何入系统？"

看她那火急火燎、小脸涨红的模样，想来她定是被这个问题难住了，又不太好意思问我，就自己一个人琢磨——许是琢磨了一个小时没琢磨出来，便不得不撕下脸面再来找我。

那时，我已经忙完了手头的工作，倒是有时间帮她，但当时我特别想笑，我觉得眼前的她忙得有些可怜。

小宗的忙，不在于她的工作量大，而是在于她是个新人，对业务不熟——最关键的是，她不懂得刨根问底。

初次接触"刨根问底"这个词，还是在读书的时候。父亲教育

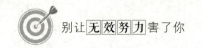

我：遇到一个难题，要有刨根问底的心思，不能一知半解。否则，就无法做到举一反三。

这个道理套用到工作上，也是一样的。正所谓，聪明的人会问问题——问问题是门学问，问得妙、问得深，那才是高手。

我自知不是一个问问题的高手，却见过这样的高手。

那年，我去上海出差见客户，对方有位名叫冯颖的主管，就是一位问问题的高手。她有种魔力——一旦她开始提问，你就会有种没背熟课文、恰好被老师提问的紧张感。

去之前，我就从同事的口中听说过冯颖的厉害，还以为那只是江湖传言，不得信。没想到，等我和她真的"过招"了，才后悔没给嘴巴上一道铜墙铁壁。

当时，我们是拿着上个季度的专案汇总去做交流汇报的。我是演讲人，在我 15 分钟的 presentation 之后，就是自由问答时间。

一开始，是冯颖公司的其他同事询问，问题很简单，可以用一句话就阐述清楚。当时，我扫了冯颖一眼，还庆幸自己就此逃过了一劫。没想到，我还没笑出口，她就开始了对我连珠炮似的"攻击"。

冯颖先就我们供货的物流方面问了一个问题，我按照实际情况回答后，她又针对我的回答，质问我们公司之前的断货情况。我当时很尴尬，想用官方的、略有些模糊的说辞蒙混过关，不承想，她再次向我抛出一个难题，而这个难题直指我们开会前所担心的那个问题。

当时，我就有些接不住了，好在还有上司和另一位同事在场。上司见我难以招架，挺身而出，用自己的回答替我解了围。冯颖对那个答案并不满意，不过，这个问题并不是特别严重，她便没有深究下去。

会后，我到卫生间长长地呼出一口气，心想着总算是结束了。没想到，我刚出来就碰见冯颖的同事小卢，他也参加了刚才的会议，对我的 presentation 赞不绝口。

我当时很惭愧地说："如果真的好，就不会被人挑出那么多毛病了。"

他听后，笑了起来："你别介意，别说是对你们，就是对我们，她也这样。"

后来，他跟我讲了冯颖的一些事，说她在公司里的绰号叫"十万个为什么"。

他说，冯颖刚来公司的时候就喜欢问问题，但那时候问得很简单，而且还会招人烦。不过，一天下来，她就将公司里每个员工的姓名、生日给问清楚了。除此之外，公司三年以来的营收状况、离职率以及产品状况，她都摸得一清二楚。

最初，同事们都烦她，觉得她事多，问题多。但后来，他们才发觉，她是同时进来的新人里进步最快的——很多新人不知道的做法她都知道，所以，她很快就得到了上司的重视。

随着工作时间越来越长，冯颖问问题的功夫也是日渐增进，很少有人能看见她反复地跟某个人确定什么事——每次都找对方一次，但问题会很集中，一般是三到五个，个个都切中要害。

冯颖的办事效率很高，所以业绩突出，升职是必然的——而升职就是她刨根问底的结果。

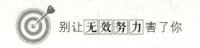

那天晚上，我们和冯颖吃了一顿饭，其间我提到了这一点。她还有些不好意思，说这是她的老毛病，让我不要介意。细问之下，我们才知道，她并不是想到什么就问什么，而是在问问题之前就做足了功课。

比如，她想知道我们公司的库存储备是否能满足她们公司的需要，在收到我们的数据后，她就会先对每一行数据做比对——如果她发现我们某个月的产能可能无法满足他们，她就会询问我们的解决之道。

如果我们的回答令她满意，她将收回问题A；如果不满意，她就会准备问题B；A和B后面还会有C和D。直到她弄清楚我们的产能，以及我们能为此付出多少的人力、物力、财力，她才会停止提问。

而问题问得这么清楚，又如此深入的结果，就是方便她做出最准确的分析报告，同时预估后期发生的所有状况，并为这些状况一一找出应对之策。

她做得如此细致，哪个老板会不喜欢呢？

这让我想起初入职场的时候，我也曾因为考虑问题不够周到、问问题不够彻底而在跟上司汇报的时候，不得不因为不确定而用"应该""可能"这样的词语。

上司很不满意，我经常吃枪子。而我也挺委屈，觉得自己明明做了事，却没得好。

后来，我细细反思此事，方知自己如此被动，是在问问题之前没有仔细分析那件事。因为，对那件事的情况了解得不够彻底，我就无法问出关键性问题，这样，就无法给上司一个准确的答复。

我吸取了从前的教训，开始在遇到问题前先放松，然后仔细分析，找出所有的可能，然后逐一突破。

问问题时，我会相应地问出对方的解决方法，这样也有利于我这边整理信息。我尝试着做了几次，的确有事半功倍的效果。此外，在回答上司问题的方法上我也不像从前那样只知其一，不知其二了。

刨根问底有时会让对方很烦，却是新人初入职场的必修课。一个懂得问问题的人，他在处理问题的方法和时效上也一定比别人强。

不必害怕被人烦，更不必担心被人看扁，不懂就问，而且要深究其因。

只有这样做，才能让你的思考愈加深入，你做起事来才会更有目标性；只有这样做，你才能尽快熟悉专业技能，与工作融为一体，明白做到什么程度才是最好的，才是上司最想要的结果，以及如何提升自我。

第三章

把工作折腾成你想要的样子

　　天下没有免费的午餐，职场不会接纳任何想投机取巧的人，也不会亏待任何努力奋斗的人。不要轻易地认为自己的付出会没有回报，因为回报通常发生在不经意的瞬间。

1. 在吃苦的年纪，遇见拼命努力的自己

很多人总是将"我真的要忙死了"当作自己的口头禅。每次制订计划的时候，都是那样兴奋，可过了一两天，就完全将曾经为了计划、梦想而兴奋的自己抛到了九霄云外。

相反，当别人问起计划、梦想实现了多少时，总会找各种借口，比如："哎呀，我最近真的忙死了，等以后再说吧。""等我处理完手头这件事再说。"

可是，你真的有那么忙吗？

其实，你只是没有勇气和你的计划、梦想较真罢了。

Sunny 是个初入职场的姑娘，性格乖巧，反应快，做事也勤恳，很受大家的喜欢。老板也挺欣赏她的，本打算重用她，不承想，她居然递交了辞职报告。

老板挺纳闷的，他觉得自己不方便问那么多，就派我这个"心腹"探究一二。我找到 Sunny，问了她辞职的理由。原来，她是想回去复习功课考研。

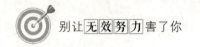

我问她："为什么这时突然想起要考研了呢？想考哪所大学？什么专业？"

Sunny 面上讪讪的，似乎不知道该怎么开口。只见她憋了一会儿，说："我打算考复旦的金融专业。"

听她想考复旦，我倒不惊讶，她虽不是名校出身，却也是 985 学校毕业的。

只是，她本科学的是外语，却一下子要跨到金融专业上去，确实有点难——不是我怀疑她的能力，而是单就高数这一关，对她这个五年没碰过数学的人来说，不得不算一个大问题。

我把自己的真实顾虑一五一十地告诉了她，但她并没有表现得太过担忧，看来她也确实想过这个问题。所以，我就更不明白了，明明在公司里做翻译文案做得好好的，为什么突然要去学金融专业？

之后，我被 Sunny 的回答惊到了。

Sunny 很肯定地告诉我，她喜欢金融业，当年因为考的分数不够才选了英语专业。而且，她在业余时间里接触过这个行业，因为了解，就更坚定了自己学金融的想法。虽然高数是她的一个坎儿，但也并非是完不成的挑战——与其过朝九晚五的日子，倒不如为了梦想拼一把。

我远没有想到，看似柔弱的 Sunny 竟如此清晰地找到了自己的目标，并有为此放手一搏的决心。反观我身边的其他人，虽然步履匆匆，嘴上挂着"我很忙"的标语，脸上却是一片茫然。他们不知道自己做这些事的意义所在，不敢为自己的理想买单，缺乏豁出去的勇气，只是在忙碌的表象中一次又一次地欺骗自己。

说到底，他们还是少了一份和梦想、和人生较真的勇气。

Sunny 的事，不免让我想起刚入职场时的自己。

那时候，我每天都跟陀螺一样地转，用尽浑身解数想让自己表现得更好一点，更突出一点。当时，我也怀揣着和 Sunny 一样的希望，用最直白的话讲，就是升职加薪。

所以，即便我在公司里操的是老板的心，拿的是白菜价工资，心里也没什么怨言。唯独会在每月 15 号看着工资单发呆，继而陷入沉思：我在忙什么？为什么而忙？我的未来何在？究竟什么才是我最想做的？

那时，我特别害怕闲下来，只要闲下来，我就会胡思乱想——看着公司里的其他老员工，我就会联想自己的未来。每次只要一想他们，我就忍不住打个寒战。我虽然还不知道自己想要做什么，但很确定自己不想成为他们那样。

有一次部门聚餐，酒过三巡，微醉的上司对我们几个年轻人讲："你们每天都很忙，但我从你们眼里看到的却是茫然！你们根本就不知道自己在忙什么，为什么忙，两个字：瞎忙！你们真的应该好好想想，你们究竟想要什么，你们的梦想是什么！"

上司的话听起来像是在开玩笑，实际却戳中了我的心。"茫然"这个词第一次脱离白纸黑字的形象，十分逼真化地呈现在我的眼前。那时我才明白，自己每天过的那种状态叫茫然。

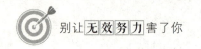

上司说得没错，那时我的确很茫然，对未来完全没有一点计划。也正是因为这种茫然逼迫着我，让我做了很多在别人看来觉得很荒唐的事。

我跟 Sunny 一样想过考研，不过我不敢辞职，而是一边工作，一边考研。

选专业的时候，我又陷入了沉思。受懒惰心的驱使，我刻意地想避开高数，可不考高数的专业又都不适合我，我很纠结。

想着想着，我就想到了出国留学，还很冲动地买了一套雅思练习题，可新鲜几天过后，我就再没碰过它。

我也幻想过做专业人士，在公司里长期干下去。或者，随大流，当个短暂的"北漂"。

刚去北京的时候，我觉得自己很牛，因为当时的薪水是原来的三倍，每个周末还能去天安门转转。可是，在北京待了一段时间后，我才意识到北京不属于我，无论我怎么想要融入到这座城市，都无法产生那种叫归属感的心理。所以，对于北京米说，我似乎只是一个游客。

我还曾大胆地转行做了证券经纪人，每天早出晚归，学习阴线阳线，从技术层面分析行情。当证券经纪人的那一年里，是我人生中压力最大、最煎熬的一年——当深深地体会到金融行业的钱不易赚之后，我决定退出。

林林总总算下来，在 20 多岁的年华里我一直在犯错，却也一直在向前奔跑。

幸运的是，经过一番瞎折腾之后，我找到了自己想去做和想要完成的事，目标渐渐地清晰起来。

我知道自己该为什么去忙，该为什么去拼。所以，我理解 Sunny 的感受，并选择支持她的决定。

半年后，我收到 Sunny 发来的一张照片，那是一张写着她全名的复旦大学金融专业的录取通知书。

看到这张照片，我由衷地感到欣慰——果然，梦想不会亏待每一位认真对待它的人。可是，并不是每个人都有追逐梦想、为梦想而努力的勇气。

Annie 是我们公司的前辈，我入职的时候，她刚休完产假回来。她的脸色看上去有点憔悴，却会有发自内心的笑。不过，她只是年资老，工作能力一般，能做倒数第二就不做倒数第三。所以，在公司做了五年，她的职位一直没变。

我曾以为 Annie 是那种淡泊名利的人，跟她聊过之后才发现，事实并非如此。

Annie 说，她刚毕业的时候想当老师，但她爸爸说当老师没前途，不如去考公务员。那时，她根本不懂公务员具体是做什么工作的，只是从父亲嘴里听出了这份职业的体面。于是，她听从父亲的安排，大三下半学期就买了相关书籍开始学习。

结果她没考上。父亲觉得，一次考不上不算什么，反正还年轻，有的是机会。

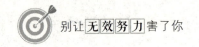
不承想，她还真不是考公务员的料——考了三年，她经历过国考、省考、市考、区考。那三年里，她不是在备考的路上，就是在考场里坐着，但连个面试的机会都没有。

Annie 皱着眉头跟我说："当时，公务员考得我一看到行测和申论就想吐。"

时间拖得一长，考试的信心就被朝九晚五的日子给磨平了，特别是当她有了这份工作后，白天忙得不可开交，晚上回到家只想看看肥皂剧，根本就没看书复习的心。那时，她不停地安慰自己：如果在这家公司好好工作，将来也未必就比公务员差。

事实上，Annie 不仅把考试的心给磨平了，奋斗的心也给磨平了。在公司工作了两年后，她渐渐地产生了懈怠心理，凡事得过且过。

碰巧，那时她正在谈婚论嫁，心思全在婚事上，为了婚事错过了一次升职的机会。她安慰自己，升职机会有很多，可结婚只有一次。

然而，度完蜜月回来后，她依旧没能调整好自己的状态，在工作中出现了好几次失误，虽然问题不大，但还是影响了她的绩效。

起初，Annie 还会为此伤心，时间一长，她反而不在乎了。生了孩子后，她对自己的未来就更没了期许。有时看到别人跳槽、升职，她也会心酸，但她一想到身边的人都是这么过来的，慢慢地，梦想就真成了梦。

我笑着跟 Annie 说："现在不是挺流行这句话——只要肯做，什么时候都不算晚。你现在也不是完全不能当老师啊！"

Annie 摇摇头，跟我抱怨，说她现在一看书就头疼，这怎么教书育人——那会误人子弟。

她说话时的语气充满了惋惜，我猜想：她会不会在看到别的老师讲课时扼腕叹息？会不会在某个无眠的夜晚想起曾经的梦想？会不会想跟哆啦 A 梦要一个时光机，让她回到本可以坚持梦想的那个年纪，跟父亲任性一次，对梦想较真？

只可惜，无论她怎么想，时间也不会再给她重新选择的权利。

青春的年月里，我们不知道该怎么为自己的未来奋斗，继而随波逐流，丢了初心。等人过中年，再问问当初的梦想，除了惋惜，似乎什么也没了。

有的人要折腾一番，才知道自己想做什么；有的人寻寻觅觅，碰了一鼻子的灰，才发现自己最擅长的恰恰是一开始自己嫌弃的事。

但不管怎样，我们都曾为梦想折腾过，不论结果是好是坏，等我们到了回忆的年龄，也不会因为年轻时的妥协而叹息——相反，我们会感激曾对梦想的较真。

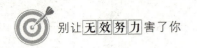

2. 停止盲目努力：你的人生需要再设计

你的身边是否也存在这种人：

他总是有很多点子和想法；他对自己的未来做好了规划，充满了憧憬；每次聚会，他都是最能侃侃而谈的那个；他有很多想要去做的事，每一件事让你听起来都会血脉贲张，恨不得狠狠地捶自己一拳，心想：人家的脑子是怎么长的，为什么他能想到，我却想不到？

过些日子，你找他聊天，问起他曾说过的某件大事来，思忖着这件大事如果可行，自己也跟着他做，没准儿还能脱贫致富。结果，他跟你说了一大堆的困难和行不通的理由，一席话加起来够写三页A4纸——抑扬顿挫的语气、唉声叹气的口吻，有种被全世界辜负的既视感。

你一听，知道事情黄了，正想着安慰他几句，不承想，他又讲了一个想法。而当你细问他打算如何做时，他又以各种理由推脱，但他还能很有本事地让你听不出他的无能来。

于是，回归正常生活的你，只得在本职岗位上继续奋斗。你升职了，或是得到了一笔奖金，很开心地请大家吃饭，却发现那个曾被你羡慕的他，依旧没做成任何一件曾打算去做的事。

从此，他在你的心目中成了"大话精"的代言人。

罗伊和小青是同学，因为同在一座城市打拼，联系就一直没断。两人学的都是国际经济与贸易，毕业后，罗伊去了父母安排的国企，小青则进了一家外企。两人的薪水都不错，只是小青忙碌些。

罗伊家境殷实，却也不是那种荒废人生的人——相反，她和小青一样上进。但小青是外地人，独自一人在这座城市打拼，她总会遇到点困难。作为好友，罗伊经常照顾小青，小青有什么好东西也愿意跟她分享。

这一次的意外，源于小青所在部门的领导突然辞职。当时，大家都对未来的经理多有猜测，有的说会外派一人过来，有的说会招聘，有的说会内聘。

小青也工作了一定的年限，表现一直很突出，如果真的内聘，她的成功率最高。因此，私下里便有力挺她的同事给她加油打气。那时，她虽然嘴上不让大家说，心里却充满了期待。

结果，事与愿违。

新上任的领导，是从其他部门调过来的，属于变相升迁。关键问题不在于公司的决定，而在于那个人。

此人姓赵，曾经和小青共同合作过一个文案，原本她和小青是平级关系，可这么一调，她们就成了上下级关系。如果是简单的上下级关系也没什么，重要的是，两人曾在当年的合作中有过不小的摩擦：

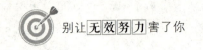

小青固执己见，而这位赵姐也是据理力争，最后不欢而散。

现在，小青未来的职场生涯可想而知了。

罗伊听说了这件事，当下便撂下一句话，让小青辞职。理由是：大家的能力差不多，凭什么在她手底下工作。与此同时，她还跟小青讲了自己打算创业的事，偏巧她身边就只有小青最适合做她的合伙人。

小青当时很犹豫，虽然她曾经有过创业的想法，但并不成熟，也没有仔细想过，觉得这事根本没戏。其实，她对自己未来的职场生涯还抱有很大的自信。

但是，小青似乎高估了局势。

所谓新官上任三把火，赵姐刚一上任，就推翻了前任经理对项目的所有规划。同时，她还否定了前任经理最重用的人——小青。

赵姐每天都会给小青布置很多工作，还对她的工作多有挑剔。她对小青的报表不满意，对小青的PPT不满意，对小青写的邮件不满意……总之，用一句话来概括就是：小青做什么都不对。

让小青痛下决心辞职的原因是，某次会议上，赵姐不顾颜面在一众部门员工面前批评了小青，她忍无可忍，当下甩手走人。

小青第一时间就给罗伊打了电话，答应和她一起创业。

两人在常去的那家餐厅会面，罗伊边吃边讲了自己的想法：做定制产品，进行网络销售。想法倒是好，但很多细节诸如货源、选定哪个平台，罗伊都没主意。现在，创业还是个空壳子，正等着人往里填呢。

小青觉得自己反正也辞职了，有的是时间，她打算回去先做市场调查，然后再和罗伊一步步开始创业。只是令小青意外的是，罗伊表示她并不想辞职——毕竟那是个铁饭碗，而创业还是有一定的风险。不过，她答应入股。

两人凑了些钱，分配了各自的工作，小青便开始了项目的运作。小青负责网络运营，罗伊则负责供应商开发。她们的本职工作对应的都是营销口，没有人涉足过网站，因此，项目的难点就落在这方面了。

小青建议招人，可以让人家以技术入股的方式参与到她们的团队中来。那时，罗伊刚好忙公司里的一个竞赛，对这个项目根本就没上心——小青说什么，她都没意见。

等小青把人找来，网店都快建好了，罗伊那边居然还没找到供应商。小青这下急了，但又迫于朋友的颜面不好说重话，只得一边催着罗伊，一边自己去找。

小青针对市场行情选了三五个品类，就此寻找合适的供应商，以期在网店建成后直接上架。产品上架的那天，她兴奋坏了，同时，心内五味杂陈。

小青将创业的最新进度说给罗伊听，她很平静，其间都不怎么说话。等小青说完了，她才问道："小青，你觉得这事靠谱吗？"

小青当时有点蒙，眨了眨眼睛，问罗伊是什么意思。

罗伊似乎有难言之隐，她顿了顿，终于说出了自己的想法。原来，她的工作有点忙，又要参加一个竞赛，加之她觉得这个项目的利润还有待验证……一句话总结就是：她不想做了。

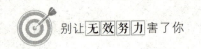

　　小青当时就傻眼了，急问道："这个想法还是你提出来的呢，马上可以做了，现在怎么反倒不想做了？创业难道不是你一直以来的梦想吗？"

　　罗伊很难为情，尴尬地说："这的确是我的梦想，可我现在觉得这个梦只能想一下，做不起来的。小青，你想啊，咱俩那点钱怎么够呢？而且，咱们没资源，网络销售也需要技巧和人手，太难了。与其把时间浪费在这方面，倒不如做些更有意义的事。"

　　后面的话，小青也没听进去，但她明白了一件事：她被罗伊放了鸽子。

　　回去后，小青郁闷得一晚上没睡觉，她想：如果不是罗伊要创业，她还会不会那么潇洒地辞职？她想了很久，答案居然是肯定的。

　　既然如此，创业就是唯一的出路。

　　次日，回到工作室，小青打开网站，看着里面的产品，她不由自主地流泪了。天知道它们是怎么传上去的，那是她用了几天几夜，翻了不知道多少书，查了不知道多少资料才弄出来的——那是她多日来的心血。

　　一个念头在小青的脑海里涌现出来：她要继续做下去！即便没有了罗伊，她也要坚持做下去！毕竟，创业也曾是她的梦想。

　　和罗伊分道扬镳后，小青继续钻研她的项目，她这个对互联网一无所知的菜鸟，在攻克一道道难关后，终于把项目做成功了。

　　资金短缺的时候，她连吃了一个月的泡面；销量不好的时候，她报了好几个相关的网络营销课程，一边学习一边维持运营，可谓是连轴转；产品供货方面出了问题，她一个人亲自跑到供应商的公司去解决。

小青看着自己的订单从 0 到 1，再到 10、100、1000……当产品的销量过了 10 万元，网店的浏览量突破 1000 万的时候，她的员工已经发展到十几个。

如今，当小青和罗伊再聚时，罗伊总会一脸遗憾地说："都怪我当时退出了，否则我就实现梦想了。"

小青只是淡淡地一笑。

小青实现了罗伊的梦想，并不是因为她比罗伊聪明，也不是因为她比罗伊出色——和罗伊相比，她只不过是脚踏实地地做了，而罗伊是只想不做。

罗伊可能到现在也没真正弄清楚自己失败的原因吧。

从小到大，我们有过很多梦想，但无论你的梦想是什么，重点不是想，而是做——否则，你想的那些事真就成了梦。

你的梦想已经夭折得足够多，趁现在还来得及，想到什么就去做什么吧。不要瞻前顾后，也不要找理由，更不要担心前方的艰难险阻。你要对自己有足够的信心，因为只要你坚持走下去，就会抵达你想要去的地方。

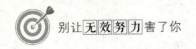

3. 你所谓的稳定，不过是在浪费青春

　　初见周岩，是在朋友组的一个饭局里。他比我们大两岁，那时我们刚参加工作——在他眼里，我们就是乳臭未干、没见过世面的小毛孩儿。那天，他表现得很阔气，抢在朋友前面把饭费付了。

　　我们几个都是刚进职场的菜鸟，早就想找个有经验的老鸟讨教一二，于是，那天晚上我们挨个儿对周岩开启了"答记者问"的模式。我们什么问题都问，周岩也不烦——我们问一个，他就答一个。

　　那天，周岩信誓旦旦地对我们说："工作之后要敢想敢干，不要怕吃苦，也不要计较什么义务加班——最重要的是，要有肯拼的精神，那样才能学到真本事。还有，不要把英语落下。"

　　我们几个把头点得跟拨浪鼓似的，当下一腔热血涌上心头，恨不得立刻奔回工作岗位，不计辛劳地往死里干。

　　周岩不是那种喜欢夸大其词的人，言谈举止无不透着稳健。他的话对我的影响还是蛮大的，因此，那场饭局结束后，我们几个纷纷开始卖力工作了——现在回想起来，那应该是我人生中最努力的一段时间。

刚工作时，我什么都不会、也不懂，每天晚上下班后在公司待到八点半才离开，回去后还要学两个小时的英语。

每天的日子过得匆匆忙忙，我总觉得时间不够用，睡不好觉，一到周末就必须留出一天专门睡觉——否则，下周将没有足够的精力去应付高强度的工作。这种情况，就好比武侠小说里武林高手的养成需要修炼一段时间。

在没有周岩的聚会里，我们几个就会上演吐槽大会，将各自的公司、领导全都吐槽个遍，然后再讲一下公司的奇葩规定，以及一两个性格迥异、无法沟通的怪咖同事。

林林总总的事，竟然可以讲上一天，而且故事情节比电视剧还精彩。

其间，我们也会聊到周岩——我们觉得他有些神秘，好像一个隐匿江湖的高手，一般不露面。我们撺掇着让朋友再组个局叫上周岩，好从他那边学点对付职场的本事。

朋友当下面色有些尴尬，说他来不了了，原因是：他回老家了。我们都挺意外，随后便问原因，朋友也说不清楚，想来是家中有事。既然如此，我们也就没有再问下去。

我们正聊得欢呢，公司微信群里忽然蹦出来好几条消息。我一看，居然是在讨论公司裁员的事，而第一个被裁的人居然是老好人苏敏。

苏敏是销售部助理，比我早进公司三年，算是老员工了。可惜的是，她待了那么久一直都是助理，岗位就不曾变过。

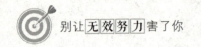

她每天的工作内容也就是统计下数据、做个汇总，再是接待个客户，安排下会议室。总之，都是些没有含金量的工作。难能可贵的是，她每天还能乐呵呵地上下班。

她在业绩上没什么突出的地方，也从不跟人争抢什么，加上她对Excel的操作并不熟练，也不去学——因此，她每天就得过且过。再者，她在这个岗位三年了，未曾遇到过竞争对手。

他们部门的人都说，苏敏是个淡泊名利之人。每次，部门里有了空缺的新职位，关系不错的同事问她想不想做，她都直说不要。

今年，公司里来了一个90后小姑娘，机灵又勤奋，一口一个总监，叫得总监心里乐呵得很。这小姑娘也是销售助理，但根据公司的岗位安排，这个职位只允许有一个人。

这就尴尬了。

当我们都为苏敏着急的时候，她自己反而并不着急，还很轻松地说没关系。她以老员工自居，觉得一个新人对她构不成威胁——即便她没功劳，也有苦劳。况且，助理这个职位薪水又不高，哪个年轻人愿意做？

大家觉得似乎是这么个理儿。

不争不抢的苏敏继续做着她的助理，每天机械般的汇总数据，发邮件给总监，然后关电脑回家。

对于苏敏而言，每天都是一样的，没任何不同，她从不适应到适应只花了半年。她觉得这样就挺好，只要公司给她交五险一金，只要薪水可以解决温饱，只要自己的工作不出错，只要不加班，这就是一份不错的工作。

苏敏永远都想不到，自己竟会丢掉这份工作。她在跟总监谈话的时候，毫无避讳地问到这个问题：她很不理解，公司为什么会裁掉辛苦工作了三年的自己，而不是那个刚来的、并没有给公司创造什么利润的新人？

总监回答得也很诚恳："没错，你的确在这三年里没有犯过一点错，但这并不能说明你工作得很认真，很细致。即便是现在，你都不会用 Excel 里的公式，你之所以不会出错，是因为那些工作都由别的同事完成了，你只需要做一个汇总。但公司用几千元钱来聘用你，并不只是为了让你汇总数据。"

另外一点总监也提到了，那就是苏敏拒绝了公司的任何培训和调岗，这在老板看来是一种不积极、不上进的、严重的懒惰态度。同事不好说她，就给她安了个"淡泊名利"的头衔，可她原本就没有名和利，淡泊个什么劲儿？

领导的话很直白，苏敏当时就哭了。但职场最不相信眼泪，所以，她反而让人看了生厌。

苏敏离开后，我从销售部其他同事那边得知，那个 90 后新人 Office 操作得特别好，有好多他们需要花一小时才能做出来的资料，到了她那边只需要 10 分钟。

这件事不知不觉地被总监知道了，他原本就想撤掉一个助理，细细观察这两个人后，认为一个人能做的事何必要两个人？而苏敏又不接受调岗，形同废人一个——她这种性格不适合在竞争激烈的销售部

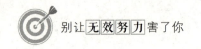

再待下去，于是果断将她裁掉了。

我不禁反思：如苏敏这般不思进取、不求上进的人，根本不能算是淡泊名利。

那么，何为淡泊名利？

它并不是力不能及的无奈，也不是心满意足的自赏，更不是碌碌无为的哀叹，而是超脱世俗的诱惑和困扰，实实在在地对待一切，豁达客观地看待一切。

再次见到周岩是在一年多之后，他的脸圆了些，身材开始发福，精神并不如第一次见他时那样生龙活虎。不止如此，就连谈话间的那股硬气也不见了。

我猜想，周岩的变化跟上次回老家有关。细问之下，竟揪出了他的伤心事。

原来，当年周岩回老家是件喜事，他打算和谈了多年的女友订婚，没想到人家却放了他的鸽子。他气急败坏地质问女友，女友回答得很简单，说自己不想对一个只想过桃源生活的男人托付终身。

他又问她："桃源生活有什么不好？只要我们不缺吃、不缺穿，不是一样可以过日子吗？"

女友摇头说："不，那不是桃源生活，你所谓的桃源生活，不过是试图逃避现实的一种心理安慰。你不肯为现实的残酷买单，你没有克服困难的勇气，我们还没结婚你就这样了，你让我怎么相信婚后的你？"

周岩很不理解女友的想法，一度把这种想法理解为虚荣。他甚至想，没有和这样的女友订婚，说不定也是一件幸事。

婚事黄了之后，周岩便回来继续上班。他又谈了两任女友，可惜最后都分手了。感情上的不顺让他开始反思自己的问题，然后他回想起那位前女友说的话来。

他也不是没有奋斗过，可在奋斗过后依然还在原地踏步。他心灰意冷，觉得自己的付出根本没有任何意义。他开始慢慢地喜欢上这种应付人生的生活——应付老板，应付客户，应付自己。他对自己说：每个人都是这样过的，既然这样也可以过一辈子，有什么不好呢？

每一次，周岩对自己进行过心理安慰过后，就等于给自己的堕落打了一针镇静剂。但他没想到的是，自己竟然会因此而失去爱情，失去斗志，失去很多值得回忆的东西。

一个意识告诉周岩，如果他再不改变，自己将会一事无成。

此时，公司有一个项目没人肯接手，大家都觉得对方难以搞定，所以，那个项目就像烫手山芋一样在大家手里转来转去。周岩主动申请去做，这令主管很是意外。

我见到周岩的这一天，他刚好出差回来。他笑说自己每天都和客户在一起，丝毫不敢懈怠，所以即使很忙，还是把自己养胖了。不过，他觉得这样挺好，胖了更踏实。

我们都为周岩能及时找回那个喜欢奋斗的自己而感到高兴。

职场就是战场，身为职场中人，不奋斗还不如辞职回家种地。

天下没有免费的午餐，职场不会接纳任何想投机取巧的人，也不会亏待任何努力奋斗的人。不要轻易地认为自己的付出会没有回报，因为回报通常发生在不经意的瞬间。

最重要的是，你的努力不会被任何人抢走，那是一辈子只属于你一个人的财富。

4. 把工作折腾成你想要的样子

何为拼？它是指不顾一切地奋斗，豁出去了。可是，这个"拼"字说起来很容易，能做到的人却不多。

出差路上，在高铁上碰见两个经历了高考即将踏入大学的准大学生。他俩都是长得精干的男生，一个偏瘦，一个是圆脸。我坐在他们的对面看书，三心二意地听起他们的谈话来。

瘦男生说："真可惜，就差三分，而且还是数学拉了后腿，真是郁闷。"

圆脸男生立刻反驳："你可以啦，最起码是个重点，我可是个二本。那个浩子可以啊，居然去了复旦，他模拟考试的时候还不如我呢。"

瘦男生脸上立刻浮现出一抹惋惜、遗憾的神色，原本，他最想读的那所大学就是复旦。

圆脸男生继续说："你说我那时候也很拼啊，怎么连他都不如呢？我觉得这就是命，我也没办法。"他瞅了瘦男生一眼，劝道："行了，你也别难受了，都是板上钉钉的事了，你也不是没拼过，尽力就行。"

圆脸男生刚说完，旁边挨着过道坐的某个男生插了一句："那还是说明你们没真正地拼过，否则，怎么可能考得不如意呢？"

圆脸男生有些不乐意了，当下就想怼回去，不承想，那人又说："这世上没有毫无来头的黑马，你们那个叫浩子的同学，一定是下了狠功夫，只是你们不肯承认。"

那人二十六七岁上下，休闲装打扮，意气风发。圆脸男生见状，不得不说了些他听来的关于浩子的事。

原来，浩子并非班上学习最好的同学，但从没掉出过前十名。他这个人性子慢，爱思考，一份卷子别人用一个半小时做完，他得用两小时。每次考试，他绝对是最后交卷的那个。

原本，班主任也没对他抱有多大的期望，许是没有什么心理压力，越到后期，他就越能沉得住气。他不仅每天保证跑步半小时，还坚持不厌其烦地做模拟题，并不断地反思做错了的题。

这种状态一直保持到高考的前一天。高考结束后，他终于放松了下来，在家里睡了整整两天。

所谓的拼，不是时间上简单的叠加，而是你用心的程度。你可以为了一件事做到全身心投入，甚至达到忘我的境界，而不是不讲究方

法的盲目、勤奋和自以为是的努力。

说完浩子的事，圆脸男生不由得想起自己在高考的前两周还偷偷地玩游戏，而瘦男生也坦言自己自信过度，导致过于乐观地看待高考，所以在高考的前一周为了放松心情，他一道题都没做过，一个单词都没背过。

我们不能说瘦男生和圆脸男生没有奋斗过，只是，努力和拼并非是可以画上等号的——努力，是指你在现有的能量下积极地去完成一件事；而拼，不仅要求你利用现有的能量积极地去完成一件事，还需要你为此而不辞艰辛，甚至不顾一切地豁出去。

两个男生关于高考问题的讨论，引来周围人的兴趣，特别是那个插话的年轻人，他那过于自信的小表情虽然欠揍，但不得不说，他的话很值得一听。

接下来，他也讲了周先生的故事。周先生出身很普通，而且还是单亲家庭，经济压力一直都很大，所以大学是半工半读完成的。他本科念的是会计，读完之后还想考研。他听说第一名可以获得国家奖学金，大概可以和学费相抵，这便拼了命地复习。

那时，他还在某个会计事务所做兼职。于是，他白天工作，随身携带着一本单词小册子，一有空就背两个。往返的公交车上，他也是插着耳机练习听力，有时也会做一两道高数题。周末去图书馆，一待就是三小时。

他利用一切可以利用的时间去复习，最终以第一名的成绩考上了理想的研究生。

机缘巧合之下，周先生结识了一位做风投的人士。对方很欣赏他的灵活和勤奋，有意带他入行。

周先生虽然对风投行业一无所知，但觉得这是个锻炼人的机会，便在对方所在的公司谋了个兼职。平时，工作也就是打印和统计报表，偶尔人手不够的时候，去会议室给客户端茶倒水。

看似没有含金量的工作内容，却让有心的周先生上了道儿。他利用业余时间学习风投方面的知识，在公司里也会跟大家请教一些自己不懂的问题。

起初，大家对他没怎么在意，还有些排斥。好在他深谙人际交往之道，人缘好，加之他做事勤快，慢慢地，大家便不再排斥他，反而在私下聚会的时候也会叫他一起去。就连人事部的张先生也很看重他，建议他毕业后直接来公司上班。

对周先生来讲，这简直是可遇而不可求的。这段日子就他对风投行业以及公司的了解，他也的确很想从事这行——他原本还担心毕业后可能找不到合适的工作，没想到人事部竟然给他抛出了橄榄枝，他便答应了。

周先生是入职后才真正接触到风投行业的，他学得很用心，每一次会议内容他都会用心记下来。他很明白客户的重要性，所以对每一位来公司洽谈业务的客户都很重视。

那时，有个特别难对付的客户叫方洲，但他能给公司带来很大的收益，算是公司的重头接待对象。

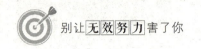

当时，周先生是给部门王主管做助手，王主管想尽各种办法都拿不下方洲，本打算放弃了，周先生却说："我想试一试。"

王主管看了看他，觉得这个小伙子刚入这行没多久，业务还不熟练，口气倒是不小。不过，既然自己拿不下客户，让小周去洽谈一下也就等于让他练手了——如果做成功了，就给小周升职；如果失败了，大家都没损失。

于是，王主管便把这个单子交给了周先生。

周先生白天晚上地揣摩这个单子，将它从头到尾看了不下几十遍，里面的内容和数据甚至都可以背出来了。其间，他也和方洲通过电话，可对方一听他连个投手都不是，便拒绝和他通话，后面的交流都是助理代劳的。

周先生吃了闭门羹，心里很难受，却并没有就此放弃。他想先了解方洲本人的具体资料，就四下打听，后来得知方洲最好吃，而且他是湖南人，喜欢吃辣。

周先生便开始学习湘菜，原本吃辣会过敏的他，为了做出地道的湘菜不得不亲自尝菜——每次吃完，他都要相应地吃药。后来，他做菜做得魔怔了，睡觉时都念着菜谱。

当做出一道吃起来还算不错的湘菜时，他亲自拎着饭盒去见方洲。方洲当时并不见他，他便将饭盒交给了方洲的助理，并叮嘱她务必交给方洲。

那道菜很香，助理拿到方洲的办公室，香气就飘进了方洲的鼻子里。方洲吃完那道菜，气哄哄地给周先生打了一个电话，说他做得

108

太难吃，请他不要再惦记自己了。

这个拒绝的电话，在周先生看来却是很大的进步，毕竟这是方洲亲自打过来的，说明他还有戏。

失败了一次的周先生，继续把焦点放在湘菜上，并留意方洲的动向，从而发现方洲最常去街边一家名叫潇湘妃子的菜馆。他便利用下班时间去菜馆拜师，主厨一开始不肯教，觉得他是个疯子，但禁不住他的苦苦相求，最终决定只教他做一道菜。

就这样，周先生在主厨的指点下，做湘菜的手艺又提高了。等他拎着这道菜亲自去找方洲时，并没有像第一次那样把它交给助理，而是请助理转告方洲，说他在外等候。

不一会儿，周先生被请进了方洲的办公室。一个小时后，周先生面带微笑地走了出来。

有人说，周先生是幸运的，因为他抓住了方洲的胃。殊不知，好吃的方洲看中的并不是周先生最后做的那道菜，而是他那份锲而不舍、敢拼敢干的精神。

火车上的那个年轻人说得绘声绘色，他下车前经过我身边的时候，我问他："先生，您贵姓？"

他不假思索地回了句："免贵，姓周。"话音刚落，他的眼睛亮了，我则欣慰地笑了。

很多人都会在不如意的时候怨天怨地，他们委屈地认为，同样是很努力、很拼的人，为什么自己的现状会和别人有那么大的差距？

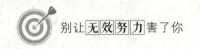

事实上，那不过是你自以为的努力和拼而已。这就好比，我们都以为自己是周先生，其实不过是 X 先生而已。

5. 永远不要做"差不多先生"

胡适曾写过一篇《差不多先生传》，里面的主人公是位觉得红糖和白糖差不多，"十"字和"千"字也差不多可以通用的人，他的经典语录是："凡事只要差不多就好了，何必太精明呢？"

在学堂读书的时候，差不多先生把山西回答成了陕西。先生指出他的错误，他却认为山西和陕西差不多。

差不多先生去赶火车，因为晚了两分钟而没赶上，心里由此不爽，还认为火车公司未免太认真，连这两分钟都不愿等。

后来，差不多先生得了急病，吩咐家人去请东街的汪大夫。谁料家人过于匆忙，出门不问东西方向，就把西街的兽医王大夫给带回来了。

病急乱投医的差不多先生说："王大夫和汪大夫也差不多，就让他看吧。"于是，这位给牛看病的王大夫按照治牛的方法给差不多先生看病下药，没到一个钟头，差不多先生便一命呜呼了。

由此看来，我们身上是否也有差不多先生的毛病呢？

学写字的时候，你总觉得会写就可以了，何必计较美丑和笔画？于是，等到了签名的时候，你猛然发觉自己的那一手字拿不出去，纵然再羞愧难当也已经晚了。

上司交代你做一个报表，上面的数据很繁杂，你看着就头疼，于是，你想套用 Excel 里的公式，试图寻求最简单的方式把它做完。等到做完后，你也没有逐项检查，心想差不多就得了。不料，最后却因为一个小数点而让公司遭受了损失，你的结局可想而知。

生活中，我们每个人都有差不多的时候。可是，我们时常把凑合、将就挂在嘴边，久而久之，便成了一种坏习惯。这种坏习惯，会潜移默化地影响我们生活的各个方面，成为我们追求卓越道路上最大的绊脚石！

姜黎和小春同在某旅游公司担任旅游体验师。一年 365 天，其中有一大半时间在酒店住着，而且还是不同城市的酒店，自己家反倒成了拎包住两天就走的酒店。

当初两人一起进的公司，到今年已经干了两年了。

姜黎外向，生性活泼，脑子灵活，极善处理人际关系，刚进公司不到一周就和同事都混熟了。大家都很喜欢她，工作上也给予她积极的配合，酒店那边的反馈也都是好评。第一年的绩效，上司就给了她一个 A。

相比姜黎的得志，少言寡语的小春就没那么好运了。倘若你去公

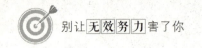

司里打听小春，大家十有八九会说她很挑剔，不爱说话，不好相处。上司那边偶尔还会收到一两封来自酒店的投诉信。第一年，小春的绩效只是个 B。

第二年，公司的组织架构需要调整，旅游事业部需要裁员，上司在小春和另一位员工中间犹豫着，最终在小春的名字上面画了圈。

结果，没多久，公司收到旅客的投诉，说是他们推荐的某酒店跟宣传的完全不一样——表面上看，酒店还算整洁，但床太硬，不舒服。空调一吹，还有什么东西飘下来，仔细一看，居然是僵死的小虫子。至于卫生间就更糟糕了，放了 20 分钟都没出来热水。浴室也没有防滑垫，浴巾和毛巾都有味道，洗漱杯还缺一个角。

旅客的投诉一来，紧接着就是客户的差评，一时间，公司被铺天盖地的负面新闻所困扰。总经理亲自坐镇，自上而下调查此事，后来得知这家酒店先后由小春和姜黎负责过。

旅游事业部的总监告诉总经理，说是当时小春过去后，酒店对她很不满意，还发生过争执，所以就把小春调了回来，改派姜黎去。但根据姜黎回来后写的报告，跟网友说的并不一样。而且，那家酒店与公司合作多年也算是老客户了，按理说不会出现这样的问题。

总经理一听，当下将那位旅游事业部的总监训斥了一顿，理由是：那家酒店两年前就换了老板，虽然合作关系没变，但那次派人过去审查，就是为了看看服务有没有什么变化。

因为，该酒店的新任老板在业内属于不靠谱的老好人，他人脉广，生意也多，可就是做起事来没那么细致，总差了点。不仅如此，他对公司的管理也颇为松弛。

总监听后，建议开会讨论一下这件事。

总经理想了想，又吩咐他把小春的报告调出来看看。这一看，总经理更生气了，直接命令人事部给姜黎下了一道辞退信。

部门里的人当时就蒙了，全都一脸错愕地看着姜黎。姜黎则涨红了脸，忍不住嘀咕了一句："要辞退的不是小春吗？"

对啊，要辞退的不是小春吗？怎么反倒成了人人称赞的姜黎了呢？

原来，总经理看过小春和姜黎的两份报告后，心中便有数了。与此同时，他又找了那家酒店的熟人了解了一下具体情况。

小春第一次去的时候，对酒店房间的每一处都做过详细检查，旅客提的那些问题，她都反映到了报告里，而且当时也跟酒店的负责人员讲过。

那次，负责接待小春的人对她的挑剔多有不满，还试图给她送礼物，好让她睁一只眼闭一只眼算了。不承想，小春不吃那一套——她拒不收礼，该说的话一句也没少说。当时，她要求酒店在规定时间内对她提出的问题进行整改，整改后她再来检验——如果合格，她便会推荐出去；如果不合格，必须重新整改。

那酒店负责人一听怒了，说："我们酒店和贵公司合作了多年，你们公司的旅游体验师我都见过，可就是没见过像你这样鸡蛋里挑骨头的。公司又不是你的，老板才给你多少钱，差不多就得了。那些问题也不是大问题，谁还能把我们怎么样？"

小春回道："没错，对公司而言，我就是个微不足道的体验师，

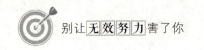

但对客户来说，我的工作至关重要。他们每天都会看我们的推荐，如果实物和我们的推荐不符，不仅对公司没好处，对旅友更是一种伤害。很抱歉，我不能接受你的解决之道，还是请你们按照我说的进行整改，如果达标了，我还是会依照流程推荐贵酒店。"

酒店负责人觉得小春是个油盐不进的主儿，见好话说尽也不管用，一气之下就给小春的上司发了一封投诉信。信中写着对小春的各种挑刺，还说她不务正业，每日睡到日上三竿——如果再让她继续做酒店的审查工作，他们酒店就和公司解约。

上司一看就生气了，一个电话过去就把小春给叫了回来，并连忙把姜黎派了过去。姜黎一去，对酒店房间以及设施一一做了查验，而小春发现的那些问题她也都发现了。

还是同样的酒店负责人，对姜黎说了同样的话。活泛的姜黎眼睛一亮，说："这世上哪有十全十美的事，有些瑕疵也是必然的，只要这些瑕疵不是特别重要就好了。"

负责人一听，脸上立刻露出欣慰的笑容来："姜小姐说的是，难怪您业务做得好呢。"

最后，姜黎说让酒店这边平时注意一下，不要出问题就行了，至于公司的推荐，她还是会做。酒店负责人高兴坏了，姜黎走前，她把本打算送给小春的礼物送给了姜黎。

事情的全部经过就是这样。

只是，此事一出，总经理认定旅游事业部里的其他体验师也可能会有包庇、徇私的嫌疑，这便下令严查。这一查，就将姜黎负责的另外几家酒店的问题都找了出来。

当总经理质问姜黎的时候，她还很委屈地说："情况都差不多，怎么能说是包庇和徇私呢？"

姜黎可能不明白，总经埋为什么就不能容忍别人哪怕一点的缺陷。在她看来，工作原本就不用太认真的，做到差不多就行了——大家都开心，才是最好的。但她忘了，工作就是工作，容不得一点马虎。

张瑞敏常常对员工这样讲："说了不等于做了，做了不等于做对了，做对了不等于做到位了，今天做到位了不等于永远做到位了。"

很多时候，我们之所以不能走向卓越，并不是因为我们没有养成好习惯，而是因为我们有了坏习惯——这些坏习惯在无意识地指导着我们，让我们变得没有原则，缺乏毅力。

表面上看，有些事是差不多，可长此以往就会差很多。我们的生活需要追求极致，我们的工作也需要追求极致——能做到100分，就不要只做90分。当你总想着90分就足够了，可能最后你连60分都拿不到。

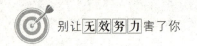

6. 一针见血比模棱两可更受欢迎

最近，公司开了一门"高效沟通"的培训课，开篇引用的是一个小故事：

某员工跟老板汇报说："不好啦，老板，客户不跟我们合作了。"

老板一听，立刻瞪圆了眼睛："哪个客户？为什么不合作了？"

员工说："就是前段时间刚谈下来的广东客户，供应商那边断货了，无法按期交货。"

老板此刻一个头有两个大，还有些蒙圈。他实在不清楚原因是客户单方面提出的违约，还是供应商无法按时交货影响了生产，导致无法给客户正常交货，从而引发客户的不满，想要终止合作。而且，前段时间谈下来的广东客户有两家，想要终止合作的究竟是哪一家？

这一切的问题，员工都没有说明，不仅弄得他一头雾水不说，他就连肾上腺素也高了。与此同时，员工的汇报并没有停止，一副十万火急的样子，好像老板再不给出指示，整个公司的效益就会受到影响一般。

问题的关键在于，老板也很着急，但员工并没有把急需解决的问题给他说清楚，让他无法在第一时间内对现有状况做出正确的判断，因此，也就没有相应的解决之道。

案例的最后，是玩具厂另一个员工用一句话解释给了老板听，他说："老板，因电池型号短缺，导致原本于本周就可出货的产品发生了延迟，A客户因此不满，想退掉这批订单。"

老板一听，知道根本原因在于电池供应商的短缺，于是立刻下令让供应商给出一个最快能出货的日期。与此同时，他出面跟A客户沟通，希望可以推迟几天。

其实，这个问题并没有想象中的那么严重，却因为两种不同的表达方式导致了两种不同的解决之道。

这样的问题，在职场中经常可以见到。

比如，你会发现自己跟某个同事沟通起来很困难，他说的话你总是不能很快捕捉到最有用的信息——他说了很多，语速还很快，但一遍听下来，你什么都没听懂，跟听天书一般。结果，你不得不让对方再说第二遍。一来二去，对方还挺烦，觉得你的理解能力有问题。

事实上，问题的关键不在于你的理解力，而是他的表达力。

再如，你负责一个项目，有一天老板突然就某个问题询问你最新的情况。结果你并没完全掌握最新的情况，遇到一些预料之外的问题不得不用"应该""可能""好像"这样的词语来掩饰你的不确定。

然而，就是这些不确定的词语会让你的老板无法得到最准确的信息，从而失去判断，还会因此觉得你办事不力。

表达清晰，逻辑正确，是你汇报工作和沟通时必备的技能之一。

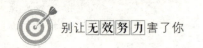

不要小瞧表达方式，事实证明，工作高效的职场达人，通常也都是在表达上一针见血的人。

小冉不止一次地跟我吐槽，说她最讨厌的就是那种说话不清楚还很急躁的同事，长着一张好像天要塌下来的脸，说话说半天都表达不清楚问题，还容易引起误解。

小冉随后给我讲了一件事：她在某精密电子公司上班，做的是专案管理。

有一天，临近下班的时候，生产线上的员工小贾说，新到的一批电源爆炸了。

小冉刚好是负责那个机种的 PM，被小贾这么一说，她当下就傻眼了，心想：这得有多大的质量问题才会导致爆炸啊！最关键的是，有没有人员伤亡？生产是否会受影响？

电源不只是用在小冉负责的那一款机型上，如果爆炸情况属实，三个机种的供货都会因此而受到影响。只是另外两个机种用量少，大部分供应还是在小冉负责的那个机型上，而这个机型又是公司接下的一笔大单，绝对不能因此断货。

此事发生后，整个公司进入了一级戒备状态，从市场部到供应链部门以及生产线，全都忙碌了起来。为了了解最准确的情况，小冉亲自去了趟生产线。她一看才知道，小贾所说的爆炸不过是线路短路后导致的火花四溅，电源只有小部分被烧毁——准确地讲，这并不能称为爆炸。

小冉松了一口气，立刻吩咐质量部门的相关人员对所有电源进行排查，坏掉的直接销毁，好的留下来继续用；另一方面，她则和物料管控组的成员商议更换供应商一事，但因为原本这家供应商是客户指定的，操作上须得到客户的首肯。

如此，小冉发了一封邮件给客户，并抄送给所有相关人员。在邮件中，她简要地陈述了概况，并附上最新的产能表，希望客户能尽快指定另一家电源供应商。

此事非同小可，客户也极其重视，双方每天都会进行电话会议。然而，双方在这个过程中还是因为沟通不畅而导致出现了问题——客户指定了另一家电源供应商，但物料管控人员却称，该家的生产力有限，无法满足现有需求。

小冉一时心急，便又跟客户反映了这个问题。

客户那边很纳闷，为什么自己联系的时候都是可以满足产能的，怎么一到小冉公司就不可以了呢？难道是新的供应商产能出现了问题？

客户便回头跟那家新的供应商联系，不承想，供应商反过来训斥了小冉一番。原因就是，供应商的产能绰绰有余，根本就没问题。而且，对方跟小冉公司的负责人也是这么说的，实在不清楚这信息的误传究竟是从哪个环节开始的。

被客户这么一训斥，小冉心里也很不痛快。放下电话就跑去物料管控那边，找到对应的人核实问题。结果，对方也很不满，两人一度陷入到谁也无法理解谁，还争论不休的地步。到最后，竟是物料组的组长说了一句话："小冉问你的是新供应商的产能，不是原来那家。"

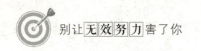

对方瞬间恍然大悟，来了一句："你怎么不早说啊，我一直以为你问的是爆炸的那家呢。"

小冉感觉有一排乌鸦从她的额前飞了过去，如此简单的问题，就因为一字之差而有了天壤之别。他们耗费了这么长的时间，竟然只是验证了一个早已被证实过的问题。

小冉因此又做了一份产能分析表，还因此背负了客户对她的误解，但这一切的根源都在于当时沟通时的模棱两可——谁都没有讲清楚，导致两个人想的都不一样，结果自然就不一样。看来，如何沟通、怎样沟通是一门大学问。

做第一份工作的时候，我有一个任务，就是每个月要做一份报表，然后把它发给美国的同事。美国的同事再根据表上的数据以及市场的最新动态，给出下个月的销量预估折扣。

这份报表的信息量很大而且很细，分写了所有地区每个产品以及产品的不同型号，还要在里面套用公式，稍不留神就会做错。于是，这个工作成了我那时最犯愁的事，因为一做就要花费一整天的时间，还不能有人打扰，因为中间断了就很可能会出错。

真不巧，那时我的工作很繁忙，时常会被打断思路，因此，也出过一两次小失误，只是并未导致大的问题。但我依然认为，这是一件很不容易的工作，最大的希望就是可以简化，尽可能地准确。

两年后，公司换了新领导，他就我每个月发送的报表很困惑。一来，这份报表很复杂；二来，他不知道用途在哪里。于是，我被他叫到了办公室。可惜的是，对我来说，这项工作也是半路接手的——对于为什么要划分出这么详细的地区以及产品的类型，我自己也不是十分清楚。

因此，领导把最初接手的那个同事叫进来，仔细询问了一遍，对方的回答也和我差不多。领导便直接跟美国的那位同事联系，问明此报表的用途。

听见此表不过是为了据此推测未来的销量，根本就无须如此细致，便商议将之变为每个月供应链部门发来的销量数据表，因为那份报表中的数据是最准确的。而为了避免中间环节出错，还将原来的报表废除了。

一件令我愁闷了两年的工作，竟然是没有任何意义的！还好，它因为领导的一个电话就被废除了。

为此，我不禁在想：如果当时我可以问得细致一些，知道这份数据表的根本用途，是不是就可以早一点解脱了呢？事实是，我在模棱两可的猜测中做了两年。

如何高效地沟通，一针见血地提出问题，是职场上最重要的能力之一。工作中，我们都需要一种精神，那就是追求准确的精神。职场里需要的是一针见血地表述一件事或提出一个问题，而不是说了一大堆模棱两可的废话。

沟通是门学问，需要我们不断地改进。

第四章

赢在责任心，胜在执行力

应承一项任务很容易，而要想完成这项任务，并把它做好、做精致了，却很难。职场上，需要的不是只会说、不会做的人，而是不仅会说、会做，还能做得更好的人。

1. 赢在责任心，胜在执行力

那天，上司突然布置下来一项任务，要做上半年的数据报表，报表的一部分数据需要规划部的同事给出。总的任务落在安小雨的头上，不过上司催得紧——早上九点交代完，下午一点半就要。

这可好，安小雨连忙将报表的具体需求写好，发邮件给各部门的领导。之后，她就开始忙自己的工作。

报表具有很强的综合性，也需要其他同事的配合。安小雨做完自己的那部分数据，又整合完本部门其他同事的资料后，已经快到吃饭的点儿了。

可她刷新了很多遍邮箱，就是没有收到规划部同事发来的邮件。她想了想，给对方打了一个电话，询问进度。可没想到，对方的回答是："今天事多太忙，你要的数据还没来得及弄呢。"

安小雨一下子就急了，她一再强调这个报表是高层领导要的，下午开会时用，现在都到饭点儿了，回来休息没多久就该继续工作了。何况，她还需要整合，这也是需要时间的。

眼看时间越来越逼紧，安小雨不得不反馈给自己部门的主管。主管听后，与规划部对应的主管沟通了一下，对方这才开始着手准备。

等安小雨收到这份数据时已经是中午了，为了不拖延时间，她只能选择牺牲自己的午饭时间，尽快把报表赶出来。最终，报表按时递交。

后来，安小雨从一位关系不错的同事那里听说，那天给她提交数据的规划部同事根本就没在忙工作，他所谓的忙不过是托词——他这个人做事一向拖拖拉拉，同事们都知道。

不过，他有个特点是，你给他交代事情的时候，他从来不说自己忙、没时间，倒是答应得爽快，可之后就是不立刻着手做。唯一能使得动他的人，就是他的部门主管。

还有一个真相安小雨不知道：那天她刚给对方打完电话，他就开始忙着整理数据了。因此，主管找上他的时候，他正在忙，而且是真的很忙。

在职场中，这种懈怠工作、只说不做的人大有人在，说是一方面，做是另一方面。而这种只说不做的人当中，还有一种情况就是：他们也做，却做不到位。

不久前，我去了新的部门，负责礼品的定制业务，这个业务还属于新创阶段，很多事情都需要摸索着去干。受诸多因素的影响，一开始我们的进度很慢，但最终在上架后一个月有了新订单。

因为是新业务，在和各部门的衔接上也需要新的规则。跟我工作对口的采购是个小姑娘，人长得挺机灵，做事也积极，只是做起来却让人很"捉急"——一会儿一个电话，一会儿一个问题，直接导致我原定计划的很多事都不得不搁浅。

事情的起因在于，客户跟我们定了一个心状的小配饰，但供应商那边缺货。于是，小姑娘就跑来对我说缺货。她的潜台词是："你看怎么办？"

因为是刚出的单子，我也很看重，不想因为我们没有达到客户的要求而导致不愉快的事发生。所以，我便问她："供应商那边有没有说何时补货进来？"

她一听，跑了回去。

过了几分钟，她又直接在QQ上把供应商给她的回复截图过来。那意思是：补货期限暂时定不下来，让我们从剩下的几枚饰品里选。

我是可以选，但我不是客户呀，我的意见怎么能代表客户的意见？于是，我立刻联系了客服，让她跟客户沟通，看看能否在剩余的几个配饰中重新选择。

另一方面，我则继续要求采购小姑娘跟供应商联系，最好能给个大概的时间期限。另外，我再与开发部沟通，希望在有限的时间内找到另一家货源充足的供应商。

开发部做事倒是勤快，虽然这样的供应商很难找，但还是找到了一家，只是价格比原来那家贵了些。因为是第一个单子，在核算过成本、利润后，我决定牺牲一些利润，以保证客户的利益优先。

这期间，小姑娘一点进展都没有。

确定好新的供应商后，按流程，开发部需要在系统内添加资料。

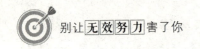

我告诉采购部我们换了一家供应商，详情可以直接联系开发部。

本以为一切都搞定了，不料，小姑娘一大早又敲响了我的 QQ，说是无法联系上供应商。我当下扶额，虽然心里有一万句不解的怨言，但最终还是忍住了。

小姑娘其实不笨，态度也很积极，但只做其一，不做其二——哪怕是一丁点的小问题，她也没有任何自己的想法，甚至她也不想知道自己究竟该如何做。到最后，她自以为付出了很多努力，但真正该做的她一点都没做。

其实，类似她这样的年轻人并不少见。

像上述故事中小姑娘的办事方法，让我想起了曾经看过的一个故事：

某公司采购经理新招了两个人，小王和小赵，他们都是刚毕业的大学生。有一天，经理吩咐他们了解下打印机的价格，要求第三天给出答复。

经理的问题很简单，两人就开始按照自己的法子做起调研来。

第二天，公司接到一个大项目，要成立一个项目组，需要采购部门派出一个代表。这么重要的项目，大家都明白做成后会得到什么报酬，于是暗自较劲，希望自己能去。不料，经理直接指定由小王负责。

消息宣布后，小赵心里很不是滋味，也有点不解：自己和小王一起来的公司，平时就总被他压一头，到了这种节骨眼儿上还让他给抢了先。

因为跟副经理的关系还不错，小赵便请他吃饭，想借此了解一下经理的心思。

副经理也不傻，从小赵提了要求开始，他就猜到小赵究竟想问什么。因此，小赵刚一开口，副经理就放下筷子，说道："小赵啊，要论学历，你和小王相当；要论积极性，你俩也相当——可要论业绩，你跟他就差远了。"

小赵急了，忙说："我当然知道这些，但我就是不理解，为什么事我都做了，结果绩效没他高，大项目也没我的份儿？我觉得我并不比他差多少。"

副经理摇摇头："差之毫厘，失之千里。"随后，副经理将这一年来经理对两人的考察说给了小赵听。

起初，副经理也不明白为什么经理对刚来的小王格外用心，原以为他们有什么亲戚关系，聊过之后才知道，这一切都要从两人刚进公司时调研打印机的价格开始。

那次，经理交代完任务，小王和小赵都去调研了市场情况。

小赵格外留心小王考察的结果，奇怪的是，自己只用一天就了解完了，可小王似乎很忙，整整忙了三天。那时，小赵还窃喜，以为自己的工作效率比小王高，于是他抢先一步把自己调查后的价格资料发给了经理，继而喜滋滋地等待着被表扬。

小王的数据是第三天交上去的。没多久，他就被经理叫去了办公室，在里面一待就是一小时。出来后，小赵注意到小王面容严肃，心想：他一定是被领导批评了。小赵刚想着充好人去问一下，便看到

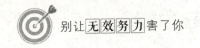

经理发来的邮件，说是按照小王选购的那款打印机进行采购。

究其原因，副经理说，小赵的确给出了调查报告，但仅仅只是价格方面的，没有其他任何可供参考的信息。

但小王的报告就不一样，除了价格，上面还有每一个供应商的基本资料、交货期、质检报告、保修期等附加信息。而小赵选的那几款产品也在他的报告里，但因为保修期过短、交货期过长，不建议采购。

过后，经理对副经理说："事实上，我并没有交代他们我需要哪些信息，结果小赵真的就只给了我价格和款式的数据；而小王却把附近所有卖打印机的卖家都了解了个遍，他给我的不仅仅是价格和款式，还包括所有我想知道的信息。这足以说明，小王在做事上要比小赵做得彻底。"

小赵听了副经理的陈述，默默地低下了头。

副经理告诉他："做事不能总做表面，而要深入。很多时候，上司布置下来的任务，或许是一个考验，或许是连他自己都没想清楚的事——那就需要下面的人去帮他做，谁做得好，做得细，就越能让他看出你的与众不同来。

"小王做得好，那是大家有目共睹的，虽然他来的时间不长，但胜在能力出众。如果你也想被重用，那就想想怎么改进自己的工作方法，让你做起事来不是只在表面而已。"

很多领导交代下来的工作，有时不过是一句话而已，听上去很简单。但每一项工作都需要我们全方位地考量，要站在领导的角度上去看问题。

如果中途遇到了困难，要先想着如何用自己的能力去解决，而不是一有问题就找别人帮忙。你没有自己的想法，就会一遍遍地问下去，这么做，不仅不会提高你的能力，反而会拖累你的同事。

应承一项任务很容易，而要想完成这项任务，并把它做好、做精致了，却很难。职场需要的不是只会说、不会做的人，而是不仅会说、会做，还能做得更好的人。

做语言上的矮子，行动上的巨人，你才会成为真正的职场达人。

2. 别总拿年终奖说事

在网上看过一部漫画作品，漫画的主人公叫老张。

老张第一年去公司上班的时候，年底领了一万元的年终奖。他私下里打探后，见别的同事年终奖只拿了几千元，心下一乐，就带着老婆孩子去五星级酒店吃了一顿。

到了第二年发放年终奖的时候，老张又拿了一万元。他又暗自打听，看其他同事拿了多少。结果，有人拿的和自己差不多，有人拿

的比自己少。

这一比较，老张的心情和上一年不同了，他虽不至于特别高兴，但也不至于难受。于是，他带着老婆孩子去了川菜馆。

到了第三年，让老张意外的是，自己居然又领了一万元年终奖。他本以为这次的情况和上一年一样，大家没什么大的区别。结果，同事们全都笑呵呵的，一看就是有什么喜事——细问之下，方知人家拿了好几万元的年终奖。

老张顿时就慌了。一整天下来，他都没心思好好工作，下班后也不回家，一个人怏怏地在大街上闲逛。

老张起初觉得是公司对他有偏见，明摆着欺负人。但他回顾了这三年来自己在工作上的表现，深思之余，发现自己居然平平淡淡的，没什么成绩可以拿得出手。

倒是第一年，因为初来乍到，为了尽快熟悉业务，他很拼，经常加班到深夜，有时还会牺牲周末的时间——虽说成绩没多大，但至少也是有的。

然而，后面那两年，他似乎一直都处于吃老本的状态。上司也不怎么给他指派新项目，手头的老项目也都不怎么赚钱。

原本，他可以主动去跟上司要新项目，可这样一来，承接了新项目，就要去面对、处理很多新问题；另一方面，他觉得工作没必要那么拼，差不多就可以了，做得多未必得到的多。

于是，老张就这么耗着，每天都做相同的事。正点下班后，他会找上三五好友，要么去喝酒，要么去唱歌，日子过得很逍遥。

想到这里，老张算是明白了为什么他的年终奖连续三年没有变化。如果继续这样下去，到了明年，年终奖别说是一万元，可能连几千元都没有了。

老张的问题不在年终奖上，那只不过是他近三年来工作的一个反馈，他的问题在自我满足和不思进取上：自认为很优秀，一年做下来的成绩可以用上一辈子——殊不知，放慢了的步子终究赶不上别人的奔跑。

学开车的时候，我认识了一个大哥，他姓徐，我们都称呼他为老徐。

老徐每次来都乐呵呵的，手里拎着一大袋子农夫山泉请我们喝。我们都挺不好意思的，虽然年龄上是比他小，却也不方便总这么来。于是，我们几个说好了要请老徐吃顿好的。

老徐是那种跟谁都能聊得来的人，可谓知心大哥。而且，他从不倚老卖老，用教育性的口吻跟我们说话。他还经常跟我们讲他在工作中的趣事，我们都很喜欢听。

这次吃饭的时候也没能幸免。其中一个伙伴就嚷嚷，说老徐跳槽了，一个月的薪水顶他之前一年的年终奖。

我们都觉得这话夸张得很，虽然嘴上起哄，心里却都不相信。这时，另一个伙伴说道："老徐，那你就跟我们讲讲吧。还有啊，你跳槽到哪儿了？"

认识老徐的时候，他还是一家超市的仓库管理员。那是一家地方

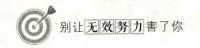

性连锁超市，因为物美价廉很受当地人喜欢，效益还算不错。

　　即便如此，作为一名仓库管理员，老徐一年的薪水也非常有限，幸好他不抽烟不喝酒，也没其他什么用度多的地方，倒是省下来了一些。

　　因为平常也没什么兴趣爱好，老徐的心思就全都扑在了工作上。虽然他只是一名仓库管理员，但与其他同事不同的是，他把本职工作吃得非常透，在库存管理方面有不少经验。

　　老徐所在的那家超市有种说法，就是管仓库缺谁都可以，唯独不能少了老徐。他的专业和敬业就连超市的总经理都知道，后来就被提拔为仓库主管了。

　　权力大了，责任也大了。老徐并没有因为自己升职了就开始懈怠，忙的时候，他也会亲力亲为，还会把自己的心得和好方法传授给其他同事。

　　然而，饶是如此，老徐在超市工作了近十年，每年的年终奖也不过几千元。因为成家并有了孩子，生活用度多了不少，老徐现有的薪水已经无法满足一家人的开销。

　　老徐本想跟总经理提一提加薪的事，不料，原来的总经理被调走了，新任总经理一上来就开始抓成本，特别是人工成本。这样一来，别说是加薪了，能不能保住原来的工资和奖金都是问题。

　　就在此时，一家电子制造企业需要招聘一位仓库主管，而该企业是中外合资的，平时招人门槛很高，非"211"大学毕业的不要。

　　老徐虽是本科生，却不是"211"大学毕业的。看到招聘条件后，他不得不打起了退堂鼓。可是，他又想，简历还没投呢，怎么就认定自己不行呢？于是，他发了一份简历过去，并附上一封求职信，言辞诚恳。

简历发去一个月了都没有收到任何消息，老徐很失望，觉得这家企业重学历，不重能力。正当他转而去关注别的企业时，这家企业的HR 却给他打来电话，要他在规定时间内前去面试。

老徐喜出望外，要知道，这家企业是他一直想去的，那里不仅福利、待遇很好，而且还是世界 500 强，进去后没准儿能跟优秀的人学到不少本事。

面试结果很不错，而且对方发现小瞧了老徐，远没有想到他在仓库管理领域这么专业。谈定待遇后，老徐收到了 offer。后来，老徐才从部门经理口中得知，是超市的原总经理推荐了自己——原总经理和这家企业的某个部门经理是同学。

老徐现在也是兢兢业业，一点都不敢懈怠。他现在的年终奖是过去的十倍，这靠的不是别的，而是他自己的真才实干。

卢晓昭近来有点走背运。

事情的经过是，一个猎头在年前找到了卢晓昭，说有一个更好的工作机会给她。她原本没有跳槽的打算，偏巧跟上司吵了一架，心里郁闷得不行，转而就回复猎头答应去面试。

面试很顺利，对方对卢晓昭本人的能力和她提出的薪水条件都很认可。

按理说，离职需要一个月的交接期，卢晓昭一算，那时刚好要发年终奖。于是，她便想等领了原公司的年终奖后再到新公司报到。但她又不能直说，只能告诉新公司说老板出差了，一直没办法办理离职手续。

卢晓昭就这么一直拖着，眼瞅着到了发年终奖的时候，不承想接到一个通知，说年终奖等春节之后再发。卢晓昭这下炸了，不能一直用老板出差这个借口啊，于是她想出了另一个借口来——自己身体不好，要等年后才能上班。

新公司一听就不乐意了，意思是：我们都等了你一个多月了，而且我们这边也急需用人。

按理说，卢晓昭此时就该过去，不过她觉得自己是被挖角的那个人，原本就可以谈条件——她没有在薪水上谈条件，那就在时间上晚报到一些日子吧。

卢晓昭在家里安心地过了一个年，上班后才知道，年终奖要分季度平摊到每个月当中。她当下气急，递上一封辞职报告走人。

从原公司出来后，她就拨通了新公司人事部的电话，告诉对方她次日就可以来报到。不承想，对方很抱歉地告诉她，那个职位已经找到更合适的人了，既然她身体不好，还是以休养为重吧。

就这样，卢晓昭因为年终奖而错失了一次更好的工作机会。所谓的机会，可遇而不可求，若想再找一份条件相当的工作，没那么简单。

事实上，有不少职场人都犯过和卢晓昭一样的错误。大家总是觉得年后回来是求职高峰期——可越是高峰，反而越不好找到理想的工作。既然有更好的机会摆在眼前，就不要再贪恋即将到手的那点好处。

我们都很看重年终奖，认为拿得少就是吃亏。事实上，年终奖的多少除了和公司效益直接挂钩外，还跟自身的努力程度有关系。不要总是把眼睛放在年终奖上，你最该看中的，是如何提升自己的价值。

3. 你可以不喜欢自己的上司，但一定要让他喜欢你

吐槽上司似乎成了聚会时必谈的一个话题，而且每次聚会都能有新花样。这让我不禁感慨，这个世界怎么会有这么多的奇葩上司。

这不，今天周末大家又聚会，小吴讲了一件事，说她的上司重男轻女，要是男同事去汇报工作，总能平安无恙地出来；要是女同事进去，出来后十有八九哭丧着脸。

我们都猜测那是个女上司，然后以异性相吸、同性相斥为由安慰小吴。不承想，她当下辩解道："上司是男的！"

在安静了一秒钟后，琪琪捂着嘴笑说："你们领导的口味还挺特别啊！"

小吴又摇了摇头，说上司有老婆，而且他们恩爱有加，相敬如宾。最后，她还说了一句："总之，我就是不喜欢他这个人，他总觉得自己是从国外回来的博士，眼睛总往天上看。我觉得他就是看不起女人，不信任女人，在这样的人手底下工作，真是一点劲头都没有。"

琪琪语重心长地说："小吴，我跟你讲哦，在职场里，你可以不喜欢自己的上司，但一定要让他喜欢你。"

小吴当时不解，还觉得琪琪的话有问题。她刚想辩驳，就听琪琪讲了下面这个故事。

当年，一位名叫方瑶的女孩和琪琪一同进了 A 公司，她们都是刚毕业的大学生，青涩得犹如一张白纸——稚嫩的脸上挂着一双茫然而又充满激情的眼睛。

她们都是学会计的，一同进了财务部。琪琪当时的岗位是出纳，方瑶是财务助理，同为财务经理何然的下属。

部门第一次聚餐时，琪琪对何然的印象就大打折扣——原本她说请全部门吃饭，结果，先不说她选了一个连包间都没有的小饭馆，还连酒和饮料都不给上。她说女孩子喝饮料不好，最好喝白开水。

别看琪琪瘦，她却是个肉食主义者，吃饭无肉不欢。看着菜单上的红烧肉，她就流口水，她刚想开口点一份，就被何然抢了先，说是红烧肉太腻，夏天吃对肠胃不好。

琪琪当下就把口水给咽了下去，心想：肠胃是我自己的，好不好又不关你的事，明明就是抠门，还找好听的理由来说。她转而点了份青椒土豆丝，抬头看了一眼何然，发现她正朝自己微笑。

后来，其他同事纷纷点了几份素菜，便把菜单送回何然的手里。许是她也觉得自己抠得有点明显，便扫了一眼菜单，点了份鱼香肉丝。

一顿饭吃得清汤寡水，琪琪感觉没吃饱。回去的路上经过兰州拉面馆，她进去点了一碗牛肉面，还特意让老板多加了几块牛肉。等面端上来的时候，面馆进来一个熟人，是市场部的一个同事。

两人寒暄后，就面对面地聊了起来。

同事很纳闷地看着琪琪，问她为什么这么晚了才吃饭。琪琪正愁着该如何开口，便见对方眼睛一亮，问了句："对了，你们部门今天聚餐是吧？"

琪琪点点头，以饭馆的菜不合口味搪塞了过去。不承想，同事笑着说："不是不合口味，是没吃饱吧？"

见同事说得这么准，琪琪很是意外。紧接着，同事便说何然抠门是全公司出了名的，出去吃饭基本都不掏腰包；要是自己请客，馆子规模就不提了，这菜一定都点素的——不过，她还是会为了颜面而点一份荤菜：鱼香肉丝。

琪琪听着就乐了，两人就何然的抠门开始聊得火热。

同事虽然不是财务部的人，因为是老员工，对何然也颇为了解。同事还说了何然不讨人喜欢的地方：一个是较真儿，另一个是磨叨。

较真儿这一点，其实琪琪已经深有体会——她到公司的第一天，就被何然挑剔她做表的速度太慢，简直可以和乌龟相比。

此外，何然还特别喜欢在临近下班的点儿布置新任务，而且这项

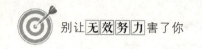

任务还挺着急，要么是当天就要完成，要么是第二天一早就要完成。试问：哪个员工喜欢这种变相的加班？

至于何然其他的奇葩表现，就是周末再来个夺命连环 call，害得你不得不放弃大好的周末时光奔赴公司，在电脑前坐一天。而且，这还不算加班。

林林总总下来，琪琪对何然算是积怨已久。被同事这么一说，她马上就感同身受，说个没完。

至于磨叽，琪琪就更有发言权了。她每次去跟何然汇报工作，何然有用的没用的全都说给她听，所以她一站就是半小时。若是部门开会，出来后就到了下班的点儿。因此，琪琪特别害怕看到会议通知，如果时间早还可以；要是时间很晚，或是离下班只有一小时，她那一天都会很郁闷。

琪琪不是个懂得掩饰的人，她对何然的不满全都挂在脸上，尽管她已经很克制了。

可是，何然是谁啊，就算她再抠门、再磨叽，那也是部门领导，怎会看不出琪琪对自己的厌烦？既然下属不喜欢自己，自己又何必喜欢她、看重她？

琪琪在出纳岗位上做到第三年的时候，终于因为忍受不了何然对自己的挑剔而离开了公司。但和她一同进公司的方瑶却不是这种结局——更让她不解的是，方瑶工作两年就升职了，而方瑶也曾亲口对自己说过何然的坏话。

琪琪因此认定方瑶是个两面三刀的人，人前一套、背后一套，没准儿还在何然的面前出卖过自己，她对方瑶不免顿生恨意。

真正的原因，她也是后来才知道的。

与琪琪不同的是，即便方瑶很不喜欢何然，也不认同何然的某些做法，但她深知一点——何然是自己的上司，她能不能从助理变成专员，能不能在财务部立足，靠的全是何然。

因此，即便何然有一万个不是，方瑶都可以理解成这是何然的一部分——每个人都是不完美的，上司也是人，也会有不完美的地方。既然这是再普通不过的事，那她又为何盯着上司的缺点不放，而不去看看她的优点呢？

能当上领导，说明何然具备一定的能力。作为新人，方瑶的关注点在跟领导学习业务上，以期尽快地让自己融入角色——当你这么做了，你会发现，原来上司也有很厉害的一面。

除了跟领导虚心学习业务，方瑶还懂得隐藏自己的情绪——对何然这个人有意见是一方面，何然是自己的上司要奉承又是另一方面。

方瑶深谙何然的喜恶，知道她喜欢什么样的报表，喜欢听什么样的汇报，最想看到自己把工作做到什么程度。既然很清楚，做的时候就会顺手得多。

长此以往，何然自然会对方瑶另眼相看——在她眼里，方瑶是个很努力、很上进的员工。相比动不动就跟自己黑脸的琪琪来说，方瑶的情商更高，也更懂得控制情绪。如此一来，何然没理由不喜欢方瑶，也没理由不讨厌琪琪。

对何然来说，员工喜不喜欢自己无所谓，重要的是，上司喜不喜

欢自己——能为自己做事，而且做得不错的人，就值得自己喜欢，方瑶就是那种员工。因此，方瑶升职了，琪琪离职了。

琪琪还讲了自己后来的职场经历，她的总结是：我这么一个能干的优秀人才现在居然还是小职员，根本原因就是上司不喜欢我。

她嘱咐小吴道："我已经这样了，没办法重新选择了，你可一定要记住我的经验教训——不管你怎么讨厌你的上司，都不要让他感觉到。相反，你要拼命地让他喜欢你，因为只有这样，你才能收获更多。"

记得有位同学用一句话来形容老板和员工的关系：老板虐我千百遍，我待老板如初恋。所以说，让你的上司喜欢你，并不需要你做一些违背内心的事，而是至少要做到让他不讨厌你。

职场就是形形色色的人群聚合地，你每个阶段遇到的上司都不一样，如果仅仅是因为自己不喜欢某个上司就不愿意好好工作，或是萌生换工作的想法，那就得不偿失了。

让你的上司喜欢你，可以让你得到比其他人更多的机会。比如，你可以得到更多的锻炼，认识更多的人，接触更大的社交圈。如果说一道职场题可以有三种解法，那么，你的上司就是可以教你三种解法的人。

4.越级有风险，用时须谨慎

倩倩突然发微信给我，让我去趟天台。

天台是个好地方，那是我们透气吹风的地方。但今天似乎有些不同，倩倩的微信让我明显感觉到一种紧迫感。好在手头工作忙得差不多了，我拿上手机便去了天台。

天台上只有倩倩一个人，她纤瘦的身姿被高楼凸显得越发清晰。看见我，她便红着眼圈对我说："琼华，我被炒了。"

我的第一反应是：这怎么可能！

且不说倩倩来公司已有三年，兢兢业业，勤勤恳恳，业绩突出，是营销总监手里的一张王牌。再者，最近也没听说公司要裁员的消息，可即便真有裁员的打算，也不可能裁掉倩倩啊！

我见她面露紧张的神色，双肩微颤，想来这个消息并不是乌龙——对她而言，大概也很突然。我问道："总监找你谈话了？"

倩倩摇摇头，说："是人事部。我当时觉得简直难以置信，实在想不出来公司辞退我的理由是什么。我问了人事主管，可他不肯明说，到现在我都不清楚是怎么回事。偏巧总监在外出差，打电话也

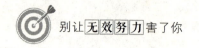

不方便问。"

听她这么说，我打算去人事部了解一下情况；另一方面，我安慰她做好最坏的打算。

人事部的小周是我大学同学，平时交情不错，她现在是人事部副主管，这件事想来她一定知道。我没约她出来，只是像往常一样跟她在QQ上打听最近公司在用人上的动向，还特意告诉她想推荐一个人来公司就职。

消息一出，小周秒回。她说："现在不行啦，公司调整人员，上头有裁员的计划。"

我一惊，再次跟她确认此事，她很肯定地告诉我，裁员计划很快就会通知到各部门，不过人数不多。末了，她又说："对了，跟你关系不错的那个倩倩就在这次裁员的名单里。"

我装作不知情，跟她聊了起来。我表达了自己的震惊，又把倩倩这几年来的业绩和表现说了一通，千言万语汇成一句话，就是裁员裁掉谁都没理由裁掉倩倩啊。

小周告诉我，倩倩业绩没问题，表现没问题，唯一裁掉她的理由就是——她得罪了顶头上司。

倩倩的顶头上司？那不就是营销总监吗？可倩倩是他的得力助手，又怎么会得罪他呢？

之后，小周才给我讲了原委。

原来，倩倩的事业心一直很强，她不甘于只做业务代表，还想升一级，做区域经理。但公司迟迟不放升职的消息，好不容易才在年初从人事经理那儿得来消息，倩倩便想竞聘这个职位。

当时的情况是，营销总监人在海外，杨副总分管营销。一年前，倩倩因为签下一笔大单被杨副总另眼相看，还写了邮件在全公司进行表扬。紧接着是在三亚举办的竞标会上，倩倩表现突出，又给杨副总留下了不错的印象。

倩倩记得很清楚，当时杨副总就拍着总监的肩膀说："这个姑娘值得器重啊！"

不仅如此，但凡是倩倩出差，报销全都审核得特别顺。

杨副总看重倩倩这件事整个公司都知道，甚至，杨副总有时还交代她一些其他工作。大家都明白，公司这是在栽培倩倩，过不了多久，她肯定就会上升为中层干部。

倩倩和大家的理解是一致的，所以，在升职这个节骨眼上，她便有了私心。她很了解总监这个人，他平时不苟言笑，做事过于谨慎，几乎很少主动推荐自己部门里的人去晋升，并不是个好沟通的人。但杨副总就不一样了，他虽然年纪大一些，但性格开朗，没有架子，非常平易近人，还喜欢和年轻人在一起。

倩倩还想，如果她先跟杨副总打个招呼，碍于杨副总的面子，总监一定会提拔她。于是，她想好后，就给杨副总发了一封邮件，还亲自到杨副总的办公室里去毛遂自荐。

杨副总很清楚倩倩的能力，两人谈得非常好。

倩倩满意地从办公室里出来，以为这次升迁之事就此落定。殊不知，还不到一个月，就传出来裁员这样的噩耗。

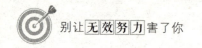

小周告诉我，倩倩犯了职场里最大的一条忌讳，那就是越级！她本以为官大一级压死人，想着利用关系达到自己的目的，但这个方法她用错了——即便总监这个人比较难沟通，即便他当时在海外，倩倩都必须先征求他的意见，因为他才是她的直属领导。

如果每个人有什么事都直接越过上司去找大领导，那么，你把上司放在什么位置了？因为，这样的做法会让上司觉得你不够尊重他——既然你的眼里没有他，他又何必留你？

说来也巧，人事变动前夕，杨副总被调回总部，公司里再也没有人能为倩倩说话了。

倩倩的事令我们惋惜，却也给我们敲响了警钟。

在职场中，如何跟上下级相处以及如何越级相处，是一门大学问。不要以为能力是唯一的衡量标准，职场规则也需要每个职场人必须学会。

还记得我做第一份工作时参加公司的培训，培训老师曾讲过这方面的一个例子。例子中的主角叫晓梅，是某集团分公司事业部的职员，做的是市场专员。她逻辑清晰，反应快，做事利落，很得上司的喜欢。

说起来还挺有意思的，晓梅是在晨跑时遇到人生中的贵人的。

那时，晓梅住在公司安排的宿舍里，每天早上六点起床，然后晨跑。这时因为人少，跑步的人彼此都会认识。其中，有位中年男人也和她同时去跑步。起初，他们只是你看看我，我看看你，最多只是给对方一个官方式的微笑。

后来，有一次晓梅负责接待客户，而其中的一个陪同者就是这位中年男人。当时碍着工作，两人也不过是对对方礼貌地一笑，便各忙各的了。

原来，那个中年男人就是公司研发部的张总监。

晓梅在这期间会有一个 presentation，还要负责带着外籍客户及一众陪同人员在厂里参观，都是用英文讲解。晓梅做得很认真，在回答客户的问题上也清晰自然，没有出过错。

参观结束后，晓梅按规矩将他们送上商务车。上车前，那位张总监颇是欣赏地称赞了她的英文水平，以及她尽心尽力的讲解和陪同。

晓梅当时只是微微一笑，但让她没想到的是，这给了她一个难得的机会。接下来的两天，张总监比较忙没有去跑步。第三天，张总监去跑步时又遇到了晓梅。两人因为熟识，便聊了起来。

令晓梅意外的是，张总监居然知道很多她在本职工作上的表现。就在她瞠目结舌的时候，张总监向她抛出了橄榄枝："晓梅，我这里需要一个像你这样的人做助手，你可愿意啊？"

研发部本来就是公司的核心部门，而且还是总监的助手，这个机会对晓梅来说简直就是天上掉馅饼。这么好的机会，她怎么可能错过呢？

不过，晓梅并没有因为兴奋而大脑发热，她按捺住内心的惊喜，很稳重地对张总监说："谢谢您的邀请，能给您做助手是我的荣幸。但因为我现在还在市场部，可否容我先听听徐经理的意思呢？"

张总监听后笑了笑，说："应该的，你去问吧。"

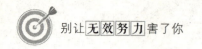

徐经理是晓梅的直属上司，于是，她将张总监对她的邀请跟徐经理讲了，言语间并没有透露出急迫感和炫耀感，整个谈话讲得轻松自然。

徐经理听后，内心也颇为高兴，他直言道："这是好事，你能做张总监的助手，对我来说也是件很荣耀的事。这样吧，我这就联系人事部，帮你调动人事关系。"

晓梅如愿到研发部做了总监助理，非但没有得罪原来的上司，反而还让他很有自豪感。这充分证明，晓梅不仅专业水平高，在处理职场关系上也很有能耐。

可能大部分人会这么想：我已经找好了去处，跟上司说了，万一他不让我走该怎么办？那岂不是更难办？

事实上，如果你能升迁，无论对你还是对你的主管来说都是一件好事。对你的主管而言，首先，你被别的领导看中，说明他培养有方；其次，正所谓饮水思源，你升迁后念及曾经的关系，在日后的工作开展上也会对他更有利。

这种双赢的结局，谁不喜欢呢？不要总是把你的上司想得那么糟糕，也不要轻易地以为只要大领导欣赏自己，你就有资格在上司面前指手画脚，更不要试图通过这种途径来达到你的某个目的。

这么做，你的上司会认为你是在架空他。所以，不要轻易越级，尊重别人就是尊重自己。

5. 不要小瞧职场礼仪

桃子哭丧着脸跟我说，我给她推荐的面试泡汤了。我听后很纳闷，结果还没出来，她何以就这么肯定呢？

细问之后，我才知道了桃子的应聘经过——面试她的那位徐经理特别严肃，问了她几个特别不好回答的问题；别人面试用了半小时，而她不到十分钟就结束了。这说明，对方根本就没有进一步想了解她的意思。

最后，桃子还很冤，觉得既然一开始就没看中她，又何必让她大老远地跑来参加面试呢？我安慰她，让她不必这么着急，同时我准备到人事部那边打听打听，看看究竟是怎么回事。

桃子心情很不好，最后嘟囔了一句："总之，我就是觉得你们的徐经理好像对我有恶意。"

工作是我推荐的，桃子又是我多年的好友，这个忙帮成这样，我自己也觉得难堪。于是，我找了个理由去了趟人事部，顺便跟负责招聘的小英谈起早上的面试情况。

小英自然猜到了我的意图，一本正经地对我说："你推荐的那个

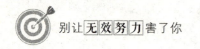

姑娘，怕是不行。"

我问道："她哪里不符合要求？"

小英皱了皱眉，说："具体的事我也不是很清楚。从简历上看，其实她很符合这个职位，但似乎是徐经理对她不满意。"

我一听，更加困惑了，问她："你知道是什么原因吗？"

她摇摇头："我还纳闷呢，按理说，徐经理也是第一次见她，他们之间不应该有什么过节啊。而且，徐经理也不是一个刺头儿，平时待下属温柔着呢。你要是真想知道原因，就只能去问徐经理本人了。"

我听后，顿时觉得事情似乎比我想的要复杂，可到底有多复杂呢？想想，那不过是个普通职员的岗位罢了。

中午吃饭的时候，偏巧遇到了徐经理，我跟他打了个招呼，他便坐到我的对面。因为他所在的部门和我们部门经常有合作，因此在业务上也是能聊到一起的。

说了一会儿闲话，徐经理竟主动跟我提起上午的面试来。他问我："听说那个桃子是你的大学同学？"

冷不丁被他这么一问，我还有点蒙。我点了点头，顺便问他觉得桃子怎么样。不承想，他摇摇头，随后跟我讲了一早来公司的事。

我们公司在23层，八点半上班，一大早等电梯的人很多。和平常一样，徐经理拎着公文包在电梯前等候，他眼看着电梯落下，门开了，谁知一个女孩从他身边挤了过去，一脚踏入电梯。

人很多，电梯又小，但这个抢先进电梯的女孩也不往里站，就守在门口的按钮处，导致后面的人多有微词。更可气的是，她连句歉意的话都没有。

那时，徐经理就心想：如果这是我的员工，我早就开除她了。

结果，那个女孩也到 23 楼，电梯一停，她又抢先一步跨了出去，看得徐经理那叫一个生气。只是，那时他没想到九点钟的面试会再见到她，而她正好就是我推荐的桃子。

徐经理看着坐在对面的桃子，一瞧她那副明明不懂职场礼仪却还要装出文雅的模样，就想再了解她一下。结果，一了解就更让他失望了。

最后，徐经理说："这个细节在你看来可能没什么，她可能只是为了不迟到，给自己留出多余的时间来准备面试，但她疏忽了一点，职场礼仪在工作中至关重要，是绝对不容忽视的。

"或许，如果她早知道要面试她的人是我，可能会在电梯里对我礼貌一些，但这并不能说明她是懂礼仪的。

"我们做的是销售行业，天天跟客户打交道，不要以为接待客户只需要喝喝茶、喝喝酒就可以了，里面的讲究和礼仪多着呢。她可不是一个初出茅庐的大学生，这些事不该等我来教。"

徐经理的话让我无力反驳。至于桃子那边，我则发了一封写着"商务礼仪"字样的漫画给她——既然有些话我不方便明说，那就让漫画告诉她吧。我相信，聪明如她，不会不明白我想表达什么意思。

的确，正如徐经理所讲，我们虽为职场中人，却很少了解职场礼仪的细节。

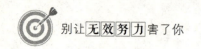

有个朋友曾跟我吐槽，说她的一个下属居然给她发了一封标题只有两个字、内容没有称呼和署名的邮件。她说，当时她就把那个下属叫了过去，然后给他看了看正规邮件是什么样子的。

作为职场中交流和沟通用的最普遍的一种方式，邮件其实有很多讲究。发送里应该选择什么人，抄送里应该选谁，标题怎么拟定才能让收信人一目了然，而正文部分如何措辞，署名该怎么标，这些都有讲究，不可胡来。

发邮件还只是小事，职场礼仪体现最突出的是饭桌礼仪。

不久前，梦梦跟我吐槽了一件事。她说公司来了两位山东客户，在洽谈完正事之后，公司按例要招待他们吃顿饭。可就是这顿饭，把梦梦升职的事给搅黄了。

当时，负责招待客户的是梦梦和她的上司以及公司领导。

梦梦订了一家靠海边的酒店，风景很不错。座位是她安排的，她还特意引荐客户坐到了指定的位子。

这时候，领导给梦梦使了个眼色，但她没看明白。

领导只好对客户说："早就听闻山东是礼仪之地，做什么事都有讲究，特别是餐桌上的礼仪。既然今天你们是客，我们就按照山东的礼仪来。"随后，领导走到门对面的位置，然后拍了一下梦梦，让她招呼客户落座。

当下梦梦才理解了领导的眼色，原来是座次弄错了。她想：坏了，都怪我之前没有了解山东的饭桌礼仪。

两位客户根据职位的不同，分别于大客和二客的位子落座。领导是主人，于主陪的位子落座。梦梦本想坐到门口边正对着领导的那个位子，主要是为了方便上菜以及倒酒。不承想，领导及时发话，让上司坐到了那个位子。

梦梦一时之间有些丈二和尚摸不着头脑，最后按领导的指示，在上司身边落座。

这一番座次弄得梦梦有点蒙，她哪里会想到山东的餐桌文化竟有这么多的讲究。为了压制内心的紧张和不适，她起身倒酒去了。

每个客人的面前放着三个酒杯，而柜子上预备着两种酒。梦梦想了想，便把红酒倒在高脚杯中，把香槟倒在大杯中。这一倒，梦梦发现领导的脸又黑了——她再次陷入了不解中，究竟哪里又做错了？

此时，上司走过来，从她手里接过杯子，笑称："你想试试酒的好坏也没必要倒这么多呀。"

随后，上司重新拿来两个杯子，梦梦看着他往大杯里倒了水，中杯里倒了红酒，高脚杯里倒了香槟。这和她的做法截然相反。

上司一边倒，一边小声对梦梦嘀咕："这些事你最好了解一下，下次可不能再出丑了。"

上司没多说，端着酒杯往饭桌那边走去。梦梦一时还没转过弯来，于是不得不跟着上司走了过去。

因为连续出了两个礼仪问题，这顿饭吃下来，梦梦是大气也不敢喘一口，更别提说话了。其间，最多是别人问她，她才答上那么一两句，大部分时间就静静地坐着。她不知道别人会不会觉得难受，但

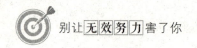

自己难受极了。

快吃完饭的时候，梦梦就想去结账，便偷偷地给上司发了条短信。

上司回了一条：这个你不用担心，不需要你来做，坐我这个位子的，就是负责结账买单的，现在你知道为什么领导不让你坐这儿了吧？这次你可得记住了，回去多了解一些地方习俗。

次日，上司告诉她，她升职的事被打回来了，上头觉得她资历浅，需要再磨炼一年试试。

话虽这么讲，梦梦却清楚到底是什么原因导致她此次升职受阻的。只是，令她意外的是，她远没有想到——一次简单的餐桌礼仪会成为自己职场路上的绊脚石。

从那之后，梦梦开始认真学习职场礼仪，并落在实处。新年之际，总部的查尔斯先生来了，公司决定把年会办得有特色一些。梦梦在年会上表现突出，很得查尔斯先生的赞赏。与此同时，部门领导也看到了她的改变。次年，她如愿升职。

你以为可以随意的礼仪，其实是体现一个人综合素质的重要因素。进入职场前，每个人都应该学习一些礼仪，以便帮助你在职场中顺利地开展工作。

职场礼仪不只是口头上的虚词，而是每个人要必备的基本技能。

6. 注重细节的你最可爱——匠人精神

看过这样一个故事：黄河岸边有一片村庄，村民们在岸边筑起了一道长堤，目的是防止水患。

有一天，一个村民从长堤旁边经过，不经意看到了几个蚂蚁窝，他心里就有些担心。后来，蚂蚁窝渐渐增多了，他的担忧也增加了。他正犹豫着该不该把这件事告诉村长，以免蚂蚁窝增多导致长堤崩溃。

村民在回去的路上遇到了自己的儿子，便说起这件事来。儿子听后，很不以为然地说："怕什么，这长堤如此坚固，哪里是小蚂蚁能穿透的。"

村民听儿子这么一说，觉得也有道理，便没再管这件事。

谁知，没过多久的一个晚上，风雨交加，黄河水暴涨。汹涌而来的河水从蚂蚁窝里开始渗透，继而喷射……没多久，河水冲决长堤，淹没了沿岸的大片村庄和田野。

想必村民和他儿子都没想到，那小小的蚂蚁窝竟真的成为长堤崩塌的关键因素。正所谓：千里之堤，溃于蚁穴。

细节往往是最容易被我们忽视的，然而，能否把握细节却是决定

成败的关键。正如汪中求先生在《细节决定成败》一书中所说的:

"芸芸众生能做大事的实在太少,多数人的多数情况总还只能做一些具体的事、琐碎的事、单调的事,也许过于平淡,也许鸡毛蒜皮,但这就是工作,是生活,是成就大事不可缺少的基础。"

流行创业的当今时代,参与创业的人很多,最后成功的却很少,究其原因,归根结底还是细节做不到位。

小安也是个创业者。她研究生毕业后进入一家外企工作了三年,从事的是市场营销工作。之后她又进入一家做外贸的私企,从事销售工作。两年后,她离职了,拿出积蓄和朋友合伙创业,在互联网上做有机蔬菜。

这个想法源于她每天都在为吃饭而发愁。那时她想,如果每天不用买菜、洗菜,而是直接做了就吃,岂不是会更省时间?

刚巧,有个同学的亲戚在郊区种了一片菜地,全是有机蔬菜,离市区也不是特别远。关键问题是干净,吃得放心。只不过可惜的是,有机蔬菜虽好,却没有打开销路。

从那时起,小安就想做这件事,但因为没想到利润点在哪里,以及营销方式怎样展开,不得不暂时搁置。后来,是一个同事某句无心的话提醒了小安。

同事当时抱怨说,一个人做饭吃,都不知道需要多少蔬菜合适,多了吃不了,少了就不值得做。而且,不能总买着吃,因为外卖的卫生质量不能保证。

小安想：如果她把菜园里的菜按单人一顿饭的量全都洗好、切好，再包在卫生的塑料盒中，消费者可直接购买自己想吃的菜，回去后最多洗一遍就可以直接下锅，而且还不会浪费，这样岂不是很好？

想法是有了，但合伙人又提出了一个难题。他说："你如何来断定一个人的菜量呢？有的人吃得多，有的人吃得少，量可不好把握。"

小安一听，觉得确实有道理。于是，她在微信上做了一次调查，要求参与投票的人员选择性别、年龄区间以及对菜品的喜好等。

这次调查为期 30 天，之后，小安根据调查结果将菜量分为小份、中份和大份三种，另外在盒子外面备注了每一种分别推荐哪种人群使用。

至于有机蔬菜的销售渠道，小安决定先从微店开始。因为，她的目标人群是年轻的上班族，一般是 1～2 人的需求量。又因为在网络上销售，因此，最好的方式是选择同城快递。

于是，小安又开了一个公众号，最先从微信开始推广，然后是微博、论坛、头条等热门媒介。很快，她有了第一笔订单。

如今，小安一直在这件事上不断地思考，从而发现问题、解决问题。后来，她将有机蔬菜在超市里也开始铺货，销量一直很不错，而这一切都源于当时被她注意到的一个细节。

大家现在都羡慕小安的生意越做越红火，这曾是他们当初瞧不上的小买卖。

卢瑞华说："在中国，想做大事的人有很多，但愿意把小事做细的人很少；我们不缺少雄韬伟略的战略家，缺少的是精益求精的执

行者；决不缺少各类管理规章制度，缺少的是对规章条款不折不扣地执行。我们必须改变心浮气躁、浅尝辄止的毛病，提倡注重细节、把小事做细。"

    周楠是某仪表公司亚太地区的销售经理，因为开发了一位日本大客户而受到领导的重视。自打生意促成之后，一直没有出什么问题。没想到两周前，客户发邮件说收到的产品存在质量问题，因数量颇大，他决定亲自来一趟中国，当面解决此事。

    周楠一看，立刻汇报给了营销总监。同时，她将客户在邮件中反馈的质量问题以及图片发给了质检部门。公司高层在客户到来之前开了一次会，核心就是商讨问题的根源和解决方法。

    本以为万事俱备，客户过来那天，周楠亲自带着翻译去机场接了机，然后径直来到公司。这次会议，质检部门、营销部门的相关人员都参加了。

    令周楠奇怪的是，对方竟然十分熟悉所有产品的型号、规格、单价、到货日期等详细信息。她是销售人员，也只能记住其中一两种信息，不可能把所有的细节都记清楚了。

    当周楠看到日本客户做的数据表后才明白，原来对方早已经将所有产品的详细信息标注在表中了，而且精确到了每一个零件。

    当时，周楠也拿着表，却因为内容没那么细致，中途遇到个别问题还需要到电脑上看数据来确认，这让她很是尴尬。而更令她尴尬的是，所谓的质量问题竟然是因为少了一枚螺丝导致的。

公司根据发货日期调出那天生产的所有产品，发现其中一包放置零部件的塑料袋里少装了一枚螺丝，而另外几个袋子里则装了比正确规格小了一毫米的螺丝。

看似正常的背后，实则隐藏着很多细节上的失误。一毫米、一厘米看似很小，却是失之毫厘，差之千里。

老子说："天下难事必作于易，天下大事必作于细。"想要成就一番事业，必须从最简单的事开始，必须从细节做起。

想做大事的人有不少，最终能成功的却很少。究其根本原因，就是没有从细节着眼——或许是你没注意到，或许是你注意到了，却因为过于微小而没去做。

小霍不久前犯了一个大错，并因此让公司损失了不少钱，还差点被开除。说起这个大错，竟源于小小的币种问题。

小霍在一家跨境电子商务公司上班，一开始接触的都是美国市场，平台主要是亚马逊。做了一段时间后，因为表现良好，她被推荐到了欧洲市场。

她负责的是平台运营，需要整理商品信息，安排上架。也许是之前她做美国市场的时间过长，在设置价格的时候，她会默认为美元。结果，她做欧洲市场时也按照美元的价格上架。

产品卖得很不错，小霍还在沾沾自喜，心想着这个月又可以多拿一些提成。到了月底，财务那边发现公司有几种产品都在亏本销售。经查，这几种产品恰好都来自小霍的店铺。

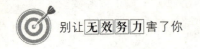

主管把小霍叫到办公室，劈头盖脸地训了一顿。

小霍觉得很冤枉，自以为已经足够小心谨慎了，可还是犯下了这样粗心大意的错。她懊悔不已，跑出去哭了很久，可眼泪并不能解决任何问题。

因为自己的问题而导致公司遭受了损失，她回去想了一晚上，深思熟虑后决定辞职。

第二天，当她把辞职信交给主管的时候，主管诧异了，还以为她是不堪压力而要辞职。后来，主管找她谈了一下，念其态度端正，加之从前表现良好，便不再追究。

事实上，只要小霍细心一些，她就会发现币种没有更改的问题。

这样的问题在工作中十分常见，有因为小数点错误而导致利润损失的，有因为把商品名称记错而导致发货错误的，有因为发货时没看清楚标签而导致把两个相似的产品搞混的……林林总总的失误，都是因为不注重细节导致的。

如果一个企业可以少一些因细节失误而导致的损失，如果每一个员工都能从小处着眼，不放过任何一个可能导致出问题的细节，那么，企业的运作就会更有效率，利润也会更大。

职场最忌讳的就是大错没有，小错不断。追求完美，把工作做细，你才能脱颖而出。

第五章

你有规则，我有原则

在职场中，我们总能看到各种不成文的规则，虽然我们不能消除这些规则，却有能力恪守自己的原则，一个人无论在什么时候都应该守住自己的底线。

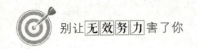

1. 累死你的不是工作，是工作方法

职场人都特别注重交际，初入职的新人希望能有经验丰富的领导来指导一二，帮助自己尽快地融入角色。而不同行业的人，希望通过交际得到更多的合作机会；圈子里的小人物希望通过交际认识大人物，来提升自己在行业里的地位。

交际在日常生活和工作中发挥着越来越重要的作用，使得人们都开始关注并参与其中。既然交际如此重要，即便是内向的人，也不得不重视和学习。

那么，你是不是真的懂交际呢？

我的邻居孙颖是证券经纪人，她很热衷于交际。几乎每个晚上，她从单位回到家，就会马上换好衣装匆忙地前去赴会。

她这么忙，自然没时间收拾家里，厨房里的蔬菜发霉了，她都不管。不过，每周日她会来一次大扫除。

有一次，孙颖心血来潮，想自己做顿饭吃。结果，菜都下锅了，她发现家里没盐了，便急匆匆地跑到我家来借。

某天，孙颖邀请我到她家去吃饭，我的第一反应是：她家的食物到底够不够新鲜？盐到底够不够？许是孙颖看出了我的担忧，笑着说："放心吧，一半饭菜是我从饭店打包的，现成的。"

我有点尴尬，觉得自己很不好——毕竟人家是个大忙人，自己这样很没气度。但就为了心里的那点抱歉，我答应了她，而且拿了一瓶红酒过去，当作这顿饭的回礼。

那天就我们两个人，饭没吃多少，大部分时间都花在聊天上了。

我感叹地说："每天见你跑来跑去的，真是辛苦啊！"

孙颖苦笑，说："我干的这一行不辛苦点根本赚不到钱，而且，干这一行最重要的就是资源。所谓资源，归根结底就是人脉，如果你名下的股票没有客户去买，你也只有拿很少的底薪了。"

我说："你天天都出去应酬，人脉肯定没问题吧？"

孙颖摇摇头，说："现在股票市场不好，人们即便有钱也不敢拿去炒股。而银行利率再低，最起码能保底——大家宁可把钱存银行，也不肯去炒股。"

我问她每天都去什么样的地方交际，对方都是些什么人。

孙颖告诉我："都是我的同学和同事身边的朋友，偶尔能遇到个当老板的，但根本就说不上话，因为自己不够身份。"

这我就纳闷了。我说："那你把时间和精力都投入进去了，却并没有得到效果啊！"

孙颖点点头说："可不是！"

明知道是无效交际，孙颖却还在继续，不仅浪费了时间，还把自

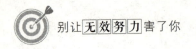

己弄得很累。

真正的交际应该是你来我往，互惠互利的。只有当交际双方都觉得对方有利可图时，交际才可能实现它应有的效果。

同样从事证券行业的朋友叶明，就不像孙颖那么忙碌。若没有什么事，他的生活都很规律——每天早上六点起床，晨跑半小时。回来后看新闻，吃早餐，然后上班。晚上下班后，通常在七点前回来。他偶尔会玩一会儿游戏，大部分时间在看书或是做行业报告。

叶明的做法与孙颖截然相反，让我很是纳闷。有一次，我忍不住问他："难道你就不需要资源和人脉吗？"

叶明说："当然需要啊！"

我又问他："那我怎么从来没听你去参加什么应酬之类的交际活动？"

叶明告诉我，他也去交际，但都是有目的、有计划的，比如行业内的聚餐、论坛或是沙龙。他还要看看参加这些活动的人都有谁，值不值得他去——如果值得，即便对方没有邀请他，他也会想办法去；如果不值得，他一定不会浪费时间。

我想了一下，说："如果是这样，那你认识的人还是不够多呀。"

叶明呵呵一笑，对我说："你觉得多少是够多呢？有些人不是你想认识就能认识的，就算认识了，今后用不上也是白搭。

"这就好比，你开了微博想做网红，一开始你没有粉丝，就花钱去买粉，结果你的粉丝数量上来了，却没人去关注你发的内容。你的微博他们不转发，这样的粉丝即便多达百万，对你又有什么意义呢？

"你倒不如用心经营千百个忠实粉，他们时刻都关注着你，你发什么他们都转，如此积少成多，效果绝对好过百万僵尸粉。"

叶明的话让我醍醐灌顶。对他而言，他就是求精不求多——凡是在他通讯录中的人，随便一个电话打过去，就能解决他当月的业绩任务。而这些人就是他一步步交际来的，从不认识到熟识，再到可以互帮互助。

最后，叶明总结道："真正的交际不是单方面的，而是双方面的。也就是说，你在想通过认识对方来帮助你完成某件事之前，最好要想清楚自己能为他做什么。如果你只是单纯地想从他身上获取对自己有利的东西，而他又看不到你能为他带来什么好处时，那么，他不可能成为你的人脉或是资源。"

那天，小武在微信上很生气地跟我抱怨，说跟他合作有三年的出版社不跟他续约了。

我问他为什么。他说，还不是因为现在出版市场效益差，人们都不买纸质书了。

我认为这不是根本原因，如果市场真差得没人购买纸质书了，那每年也就不会有那么多的新书上市了。

小武继续跟我抱怨，意思是，亏他跟这家出版社的主编关系还不错，总的来说算是他的恩人。当年他写作很久，四处投稿都没有出版，就是这家出版社答应了，于是便有了他的处女作，一部武侠小说。这

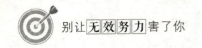

本书卖得一般，却也不是太差。

小武一鼓作气又写了一本，这次是历史武侠小说。他没有投别家，直接找了这家出版社，主编很欣赏他的文笔，出版后结果大卖。从此，出版社开始向他约稿。

他说，那本书大卖后还有别的出版社找他约稿，但他都没答应，原因就是自己是个懂得感恩之人，念着这家出版社的好，于是就都推掉了。

他还因此跟主编越走越近，两人从网络延伸到现实中来，时常会一起喝个下午茶，讨论一下当今的图书市场。

事情发生改变是在一年前。小武和主编就下一本书的题材发生了争议。小武的意思是，金庸是他的偶像，他决定这辈子和金庸一样就写武侠小说，把这个类别写到无人能超越。

但主编不乐意了，原因有两个：第一，武侠小说现在销量并不好，很难出。第二，现在盛行励志鸡汤类文集，小武都写了那么长时间的武侠题材了，他天天看着里面的人物打来打去，早就看腻了。

小武一听励志鸡汤题材就头疼，他直言道："市场上已经有那么多的励志鸡汤了，读者不觉得腻得慌吗？"

主编气急了，说："你别管读者会不会腻得慌，但这就是市场需求。"

最后，两人谈崩了。主编的意思是，如果小武不转型，就不再向他约稿。

小武也很生气，心想道：还有很多家出版社想拿到我的稿子呢。

于是，他转而联系那些曾经联系过他的编辑，结果人家都回复说现在不出武侠小说，要么就是先发来样张看看。

小武郁闷得很，于是就有了开头在微信里跟我的抱怨。

他说："你看看，这个主编也太现实了吧，后面两本的确卖得不太好，但这并不能说明我写得不够好啊，这是市场的问题。"

连他自己都知道这是市场的问题，却还因为这个问题跟主编吵。

其实，并不是主编有多现实，而是市场环境是客观因素，谁都无法掌控。主编也需要靠畅销书在市场上站稳脚跟，一本不会给出版社带来任何收益的书，谁都不会签约的，甭管你是小武还是小文。

小武一直觉得是自己真心付错了人，他以为平时的来往会保证他的书可以一直签约，但他忽略了一个很重要的问题——人和人之间，因为某些原因走在一起建立了不错的关系，也会因为这些原因的缺失而终止关系。

正如一句名言：没有永远的朋友，也没有永远的敌人，只有永远的利益。

交际充满不确定性和无限的可能，它需要足够的时间，需要相当的身份和地位，需要充足的精力，需要忠诚，也需要互相理解。它并不是可以随性地、盲目地就能完成，否则，它将是无效的，不会给你带来任何预想中的好处。

2. 聪明女人要懂得的职场规则

职场中并非什么朋友都交不到，相反，因为共同合作一个项目，或是有志同道合的理念，也会结为关系堪比同学的铁哥们、好闺密。甚至，在你未来想要独立创业的时候，成为你合伙人的人很可能就在其中。

阿南是我的朋友中目前事业做得最好的。当我们还在为一个月如何能薪水过万而犯愁时，他就跟一位在公司里认识并关系不错的同事晓旭开起了自己的公司。

阿南的本职工作是销售，晓旭是做 IT 研发的，他们之间原本没什么交集，只是脸熟，甚至连名字都对不上号。两人关系得到突破性的进展，是因为阿南销售的某个产品临时出了问题。

当时，阿南急得如热锅上的蚂蚁一般，还跟另一位做 IT 研发的同事吵了起来——对方觉得阿南是无理取闹，差点打起来。此时，晓旭站了出来，三下五除二就把阿南的问题给解决了。

从此，阿南记住了晓旭，之后但凡遇到 IT 一类的问题，他都找晓旭帮忙。晓旭是个标准的 IT 男，不苟言笑，但胜在脾气好、有耐性，加上专业能力和学习能力都不错，在部门里的人缘挺好。但因为他话少，也不怎么交际，身边能说上话的朋友自然也就不多。

不过，从那之后，晓旭和阿南的交集便多了起来。阿南性格外向，很热情，也善于交朋友，时常会招呼晓旭出去吃饭、喝茶，一来二往的，两人之间的关系就近了。

阿南时常把自己的理想说给晓旭听，而晓旭家里的困难阿南也知道。有一天，阿南跟他说了自己想要创业，却又不想辞职创业的想法，意外地得到了晓旭的支持。

原来，晓旭家里做生意失败欠了别人一笔钱，如果只靠他的工资来还是远远不够的，阿南那时也提出可以帮他一些，却被他拒绝了。他的意思是，宁可自己累个半死，也不愿跟朋友借钱，怕的就是为了钱的问题，最后连朋友也做不成了。

偏巧，阿南找到了一个小项目，正愁着没有合伙人呢，晓旭的参与无疑是雪中送炭。两人说干就干，他们为了做前期的筹备工作，三个月都没有好好休息过。

最后，项目做好了，客户很满意，款项打得也及时，不仅解了晓旭的燃眉之急，还让阿南尝到了甜头。之后，阿南继续在外面接项目，两人就一路合作了下来。

这样的日子大概过了不到一年，两人便双双辞职注册了公司。现在，公司已经有十多个员工了。

从开始接项目到成立公司这期间，他们并非没有矛盾，但他们贵

在相互坦诚，从不把自己的想法憋着。即便晓旭平时比较闷，但如果是他办不到或是认为不合理的事，也会跟阿南直接提出来。

两人之间不存在误解，反而一直保持着相互信任的状态，这是阿南至今自认为在职场中收获最大的一件事。

能在职场中找到类似晓旭这样的"兄弟"并不容易，毕竟现在职场的流动性很大，有些人还没跟你混熟就离开了。因此，一旦遇到了，就要珍惜。

除了这种可以共谋事业的职场好友，还有可以一起上厕所、聊八卦的好闺密。女孩是最容易在职场里交到朋友的，因为她们需要一个或是几个人来分享她的化妆心得、穿衣主张，或是生理期的问题，当然还有某上司的八卦。

李可在公司里最好的玩伴就是张瑶，两人关系非常好，但在业务上存在着竞争关系。

不过，相比事业心强的李可，张瑶对升职这种事并不感冒，她觉得升职了承担的责任会很大，麻烦也会越多。她是个文艺青年，业余时间比工作时间还要忙，因此，她不热衷升职对李可而言其实是件好事。

原本以为，两人不会因为友情或是工作影响了彼此的关系，不承想，结果还是事与愿违。

李可当时的职位是组长，张瑶还不是。公司有一个干部群，其中就有李可。李可偶尔会把一些信息透露给张瑶，她认为张瑶不争不抢，和自己关系也好，绝对信得过。

于是，那个晚上当公司总监在群里公布本年度的涨薪名额及幅度，即便总监已经在群里说明此事不可对外讲的时候，李可一兴奋，还是偷偷地告诉了张瑶，把她的涨薪幅度也一起说了，还因为她涨得多而高兴。

张瑶也高兴，两人就又聊了一会儿。

聊着聊着，李可便把几个熟识同事的涨薪幅度也告诉了张瑶，她们就这些人平时的表现聊了好一会儿——张瑶为财务部的张三鸣不平，李可为市场部的李四居然能涨薪那么多而感到诧异。两人嚷嚷说李四一定私下搞鬼了，才让领导加薪那么多。

两人一直聊到深夜。

次日，李可还在忙工作就被总监叫到了办公室。李可想起总监给自己加薪的幅度，内心就禁不住一阵喜悦。

她本打算跟总监寒暄一下，不承想，一进门总监就拉着脸瞪她，厉声道："我不是已经交代过了此次加薪的事不可外传，你怎么还是说了？你难道不知道薪水属于隐私问题吗？"

李可一听，立刻蒙住了。她很快意识到自己可能撞到枪口上了，第一反应是：装无辜。不料，总监立刻在手机里翻出一张图片，然后发给了她。她低头一看，当下肾上腺素增高，差点没当场晕过去。

图片正是她给张瑶的截图，白纸黑字，想抵赖都不成。

李可瞬间涨红了脸，而总监那张像要吃人的脸，吓得她一动都不敢动。

　　总监非常生气，又说："你在公司都做了这么久，平时看你挺稳当的，怎么能在这种事上犯错误呢？今天早上，财务部的小张居然去找她的领导，问她为什么给自己涨薪那么少。这涨薪的事，财务经理还不知道呢，你让她怎么回答？结果，一大早财务经理和人事经理都过来兴师问罪，特别是人事经理，你让我怎么回复人家？"

　　李可远没有想到事情会闹得如此大，她一时也是无语，觉得脑袋被掏空，只剩下一个空壳子。最后，她一声不吭，绷着脸走出总监办公室。当她一出来看到不远处正在看着她的张瑶，刹那间，委屈、埋怨、懊悔……无数种滋味混杂在一起涌上心头。

　　此时的李可，不禁又想起一年前的一件事来。

　　那是年末，公司准备举办年会，其中有问答环节，答对的人可以领取奖品。

　　当时，李可就是负责出题的，同时也备有答案。到了年会那天，张瑶偷偷地跟她要答案。张瑶平时对李可多有照顾，处处都想着她。李可或许是想报答张瑶，就把答案给了她。

　　结果，节目开始后，很多人抢答的答案都不对，唯有张瑶那个组的同事每次都答对了，而且一字不差。眼看着所有奖品都快被这个组的人拿走了，弄得其他同事开始在下面嚷嚷，说是怀疑题目泄露。

　　这一嚷嚷，李可的面子就挂不住了，"噌"一下就红了。

　　之后，张瑶主动找李可解释，说是她拿到答案后就被身边的人一顿怂恿，害得她不得不把答案告诉她们，结果她也没料到答对的就只有她们这组的人，这才让大家怀疑题目泄露。

那时，李可还觉得张瑶这人诚实，犯了错会主动认错，于是也就没放在心上，最后不了了之了。谁知，类似的事件竟然还会重演。

现在，李可这么一想，不由分说地走到张瑶跟前，叫她去天台。张瑶一脸的无辜，可越是这样，李可就越来气。到了天台，李可直截了当地把图片拿给张瑶看。她一看，也蒙了："这是什么意思啊？你昨天不是给我看过了吗？"

李可怒不可遏地说："张瑶，亏我这么信任你，你居然把我发给你的信息转给了其他人！"

张瑶一听，顿时睁大了眼。起初她推脱说这件事不是自己泄露的，后来想了半天，才把实情吐露了出来。

原来，昨天晚上聊天的时候，那个财务部的同事有事找她，那时她聊得正在劲头上，就一个手误把原本发送给李可的信息发送到了同事那边。因为图片上有涨薪的信息，同事随后又来打听自己的情况。

当时，张瑶也没多想，心想就告诉她一个人也没关系，于是便给她发去了。结果，同事回了一句："怎么这么少？"

张瑶随后便把李可给她的截图发给了对方，对方这才罢休。只是，她也没想到，自己的一个失误会给李可带来这么大的麻烦。

也许张瑶是无心的，但对李可来说，这两件事给她造成的名誉损失远远超过她们的闺密情。最后的结局可想而知，李可不再信任张瑶，两人也因此有了芥蒂，越走越远，到最后竟成了陌路人。

职场终归是职场，我们可以和同事建立良好的关系，但无论有

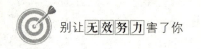

多好，也总有底线在，不能透露的事即便是为了面子也不能讲。

小心挑选你的职场闺密，为你的职场生涯保驾护航吧。

3. 严于律己，宽以待人——影响你一生的工作情商

蓉蓉在微信里跟我抱怨，说她们公司的人一点都不配合，还事特别多——你辛辛苦苦做出来的资料，一到他们手里，就开始挑三拣四，这也不好，那也不好，一版文档每次都需要电话沟通四五回才能消停。否则，就根本做不成。

我说，工作中的每一个环节都是这样，只要来来回回磨合几次，彼此就会熟悉各自的工作方法，用不了多久就不会再这么费事了。

蓉蓉对此不太认同，随后她给我讲了关于自己调整新工作的事。

她是某汽车制造公司的生产计划员，负责的是车身部分的计划表。刚接手这份工作的时候，她满心兴奋，觉得这十分重要，而且关系到整个工厂的生产，是老板对自己的信任，因此学得特别认真。

她在工作岗位上大概学了一个月，基本要领便已经掌握得差不多了，可以开始独立进行生产计划的安排。

第一次独立安排的时候，她很紧张，文档前前后后检查了好几遍，

生怕里面有什么问题。这份文档需要尽早发到车间，但她因为还不够熟练，花的时间长。而车间等不及便会不停地催，很是不满。

速度慢还不是最困扰她的地方，因为刚开始做，在她看来，保证准确率才是最重要的。不久，她就被主管叫过去，一再跟她强调计划的时效性。她会意，不得不开始加快速度，与此同时还要保证准确率。

这份工作做了一个月，她心里越发觉得没底，而且越做越着急，一份计划表她刚发出去，后面就有五六个电话等着她。而这几个电话里，挑剔的还都不是特别关键的部分，而是颜色不对、格式不好、字体太小等琐事。

一开始，她按照大家提的要求会再改一版出来，可架不住市场需求的多变，因为只要市场需求一变，她这边的计划就需要重新改动。

最频繁的一次是，她在一天之内改了三版计划。她做得心烦气躁，结果生产线那边还很不理解，觉得计划改得这样频繁，他们根本就无法生产。结果，就因为这事，生产线的组长跟她吵了起来，她一气之下，委屈地哭了。

对方是个男人，一听电话这边不对劲，顿时也不知道该怎么办了。

那天是蓉蓉成为计划员后下班最早的一天，她没心思吃饭，回到家直接趴在床上默默地流着眼泪。她心里委屈得很，又觉得这份工作实在没什么意义，根本就不像最初想的那般。

一时间，消极情绪占满了她的大脑，她什么都不想做，只想趴着。

那条微信，就是蓉蓉在这时候发送给我的。我倒是想去安慰她，可无奈相距千里。我只好说一些安慰的话，劝她好好休息一下，放空

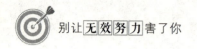

大脑，没准儿过段时间就好了。

后来她就没了消息，我也不清楚她到底怎么样了。不过，很快她就在朋友圈晒了一碗泡面，红澄澄的汤面上漂着一个金灿灿的鸡蛋。配的文字是：无论如何，都不能亏待自己的胃！

我一看，便知她的心情已经好了大半。后来，我在入睡前给她留了言，希望用我的经验帮她摆脱困惑。之后，我们各忙各的，有段时间没联系了。

再联系时，是我出差到蓉蓉所在的城市。因为时间不长，我本不想麻烦她，结果我们竟在高铁站偶遇了。当时，我准备离开，而她则要去另一个城市出差。

离上车还有些时间，我们便找了一家咖啡店，坐下聊聊天。

其间，我问起蓉蓉上次抱怨的事来，她大手一挥，笑说："都过去了，现在没那么麻烦了。"

细问之下，她方才道出原委。

对蓉蓉来说，那项工作是新工作，而且她没经验，生产线的人一听，本身就对她有了质疑，怕她做得不对，影响到产能。于是，他们在看计划表的时候也是格外小心，但凡自己看不顺眼的就会提出来，哪怕是字体、字号一类的小问题。

而就在蓉蓉那次哭了之后，一切发生了改变。

组长当时有些蒙，回去琢磨了一下，觉得自己可能有点过。他又想到蓉蓉不过是个小丫头，自己不该那么严格地要求她。

蓉蓉那天吃完泡面后，并没有像往常一样立刻洗漱睡觉，而是躺在沙发上细想此事。她将生产线提的所有意见都在脑子里过了一遍，然后再逐条核对，发现事实的确如此：若不是自己做得不够到位，对方也不会这么挑剔。

于是，蓉蓉收拾好心情，决定和生产线的组长聊一聊，细说计划表上的规划。

刚巧组长也想跟她聊聊，虽然他的主要目的是为了道歉。于是，两人碰到一起，沟通了一小时，这胜过他们之前的所有通话。

蓉蓉在去了一次车间后，也的确发现了不少问题。比如，生产线的人包括组长都极少在电脑前走动，因此，如果计划有改动，光发送邮件是不行的。但好在组长可以带手机，于是两人约定，若情况有变，蓉蓉在发完计划表后会再打电话进行通知。

为了更加熟悉生产线的操作，蓉蓉干脆到生产线的办公室里待了一个月。那一个月里，她对生产线上的工人以及组长有了充分的了解，对彼此的需求和问题都有了一定的掌握，这对她后期的工作起了不少作用。

就这样，蓉蓉慢慢地走出了磨合期，计划工作做得越来越顺手。到后期，即便一天之内情况有多次变化，她也可以又快又准地调配完毕，而且还能确保生产线的正常运行。

从这件事里，蓉蓉懂得了一个道理：严于律己，宽以待人。

在职场中，有很多人都无法做到对人宽容，对己苛求。一旦有了

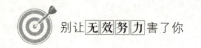

问题或是矛盾，大家最先想到的是撇清自己。在配合度上，大家也从来不对自己做出更高的要求，倒是对别人的工作挑三拣四。

这样的人我见了不少，包子就是其中之一。

包子刚到公司的时候，业务还不够熟练，上头派了阿城去帮他。

阿城每次讲的时候，包子都不停地点头；阿城问他有什么问题没有，他也只是摇头。结果，等到了实际工作中，他遇上不明白的问题不去问，也不去琢磨，见了领导就是一句话：阿城没教我。

起初，领导还真的以为是阿城不用心教，后来才发现是包子自己不努力学。他最后被辞退了。

4. 没有任何借口——凡事先从自己身上找原因

曾毅在公司研发部已经工作了近五年，不仅薪水没怎么涨，职位也没升。他很着急，也很恼火，觉得公司一点不重视人才——他在公司任劳任怨地做了这么久，好歹也该提拔他当个小组长啊！

同学会上，曾毅跟我们大吐苦水，说他自毕业后就进了这家公司，那时原本还有一家规模更大的公司给了他 offer，他之所以没去，就是觉得这家是国企，不仅工作稳定，而且说出去很有面子。

那会儿，人人都说国企升职慢，但曾毅不信——身为优秀毕业生的他，对自己在公司未来的发展充满了信心。最关键是面试的时候，人事经理就跟他说：在这里，一切皆有可能。

曾毅刚去的时候很是卖力，他很清楚一个职场菜鸟应该做什么，不该做什么。他每天都是第一个到，最后一个走。他不仅包揽了办公室的卫生，还包揽了大家的打热水、叫外卖等杂事。

没多久，大家都喜欢上了这个勤快的小伙子，并且觉得他不因为自己是研究生就自恃清高，这也不做那也不做的。大家还一致认为，他将会是部门年轻小伙子里最有前途的一个。

巧的是，曾毅也这么认为。于是，但凡是领导交代下来的工作，他都尽量在第一时间完成，有时还会受到领导的褒奖。就这样，等曾毅做到第三年的时候，因为原本想要的东西长时间无法兑现而动摇初心了。他开始跟部门里几个年龄大的同事一起混日子，对工作也是能做到 60 分绝不力求 100 分。

那时，部门主管调走了，出现了职位空缺，曾毅就想通过竞聘上岗。不料，公司很快从分公司调来一位新主管填补了这个位子。曾毅有些心灰意冷，这直接导致他对新主管有了偏见。

不多久，曾毅又从某位老同事口中得知，这位新主管是总经理的亲外甥。

他一听，当下就明白是怎么回事了。他连续喝了三天闷酒，终于想明白了一个道理，那就是无论他多么努力，都比不上有背景的人。既然这样，那他还努力个什么劲儿啊？倒不如每天乐呵呵的，什么心

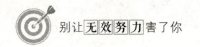

都不操，得过且过。

一旦有了这种想法，曾毅马上就把它在行动中表现了出来。他不仅不再对工作上心，还抱着应付的心态，又学了一套争辩的本事，即便是他这里出了问题，他也能推到别人身上。

总之，对曾毅而言，工作就是赚钱的差事，在公司做多做少都一样，想出人头地根本就是天方夜谭。

他不仅自己这样做，还跟他一同进公司的小方也这么说。

小方当时只是笑笑，说自己不像他，学历高，人也聪明——像自己这样的，没有背景、没有学历，能力也一般，就只能用心一些、努力一些，否则，没准儿连工作都保不住呢。

曾毅不以为然，工作上继续保持懒散的状态。不久，公司接到一个订单，因为订单数量大而且持续时间长，公司决定成立专门的项目组，从各相关部门里指派一个人专门负责此事。

这事到了研发部，新主管本想让最有资格的曾毅去负责。但曾毅觉得如果接手了这个项目，接下来的日子一定很忙，他将无法按照自己的想法生活，加之他又担心中间出什么问题而要自己担责，便找个理由推掉了。

新主管见曾毅撂了挑子，一开始有些费解，之后在工作中不再默默地留意他，并注意到了小方。

新主管找到小方的时候，小方是一副受宠若惊的样子。他原本对自己没什么信心，这被主管看了出来。主管告诉他："你只管做，出了任何问题直接跟我联系。"

小方一听，心里算是有底了。他也想挑战一下自己，看看自己究竟行不行。

项目一做就是一年，从最开始研发到量产，问题都不断，但没能阻挡大家前进的步伐。特别是在前期，这个阶段基本就是研发部在主导，其他部门人员起辅助性作用。

小方原本是一个默默无闻的执行层员工，因为这个项目而成长了起来，不仅让人看到了他的潜能，更让人体会到了他强烈的责任心。

新主管对小方是赞不绝口，部门领导也早已留意到了他。一年后，他被提拔为组长。

这令曾毅大跌眼镜。他四处打探小方的底细，过后方知小方不过跟自己一样是个没背景的普通人。最关键的是，小方的学历还没他高，能升为组长简直让人不可思议。

但他忘记了，背景不是决定性的，个人心态才是。

周珊是一位保险推销员，她的主要工作就是销售各种保险。刚入行的时候，听到提成如何高，她心里便十分激动，可干了几天之后，她就不想再干了。

她找到上司，想要调岗。上司问她为什么。

她说："推销保险太难了，大家都觉得我是骗子，现在就连亲戚朋友都躲着我。这份工作太难了，我应付不来。您还是给我调个岗位吧，哪怕是前台我也愿意做。"

上司在了解情况后，念周珊还算勤快，便把她调到了前台。

　　上司心想着，这下总可以了吧。不料，没过多久周珊又找到他："我每天站在前台那里，水都顾不上喝一口，厕所有时也来不及上，而且还要面对一大堆的琐碎问题。难的是，我还要保持微笑，装作自己很开心的样子。我觉得这好难，比销售保险还难。"

　　上司顿时有些无语，只好问她下一步的意向。

　　然而，周珊自己都没什么想法。按照她的意思，她只是想找一份朝九晚五、离家又近的简单工作——本以为推销保险自由，事实并非如此；本以为前台很轻松，没想到复杂程度并不低，她还曾因为开错合同而被罚过款。

　　上司语重心长地说："周珊，你有没有想过，这些问题都是客观存在的，每个人都会遇到，但为什么别人做下来了，你却没有？你做的是一份工作，就该拿出端正的态度来——工作做不好，首先要从自己身上找原因，而不是一味地用客观因素来搪塞。如果你觉得这份工作很辛苦，那我还是建议你慎重考虑一下。"

　　周珊明白上司的意思，事实上，她也知道上司已经给了她很多次机会。

　　回去后，她把上司的话好好想了一番。她终于明白，自己推销不出去保险，是因为对产品和保险知识的了解还不够透彻，无法站在消费者的角度去看问题，导致没人相信她；她做不好前台，是对合同以及相关资料不够了解，对流程不够清楚，导致自己手忙脚乱，经常出错。

　　在了解了自己的问题后，周珊开始慢慢地去做改变。最终，她把前台工作做得非常好了。由此，她方才体会到了工作的真正意义。

面对挫折，我们总是怨天尤人，觉得这也不好，那也不对，却从不在自己身上找原因。

我们不能改变他人，却能改变自己。与其逃避，不思进取，不如从自身寻求原因，勇于改变，做自己能做的。如此，我们才能一往无前。

5. 算计，并不是你成功的必要手段

丁香是某电视台的当红女主播，谁知几天前台里外聘了一位知名主持人乔安过来，这让丁香倍感压力。

乔安一来就带动了很强的话题量，无论是台里还是社交媒体上，每天谈论的都是她的新节目，就连一向器重丁香的台长也是天天围着她转。

作为台里的新贵，宣传乔安一下子就成为台里最重要的工作之一，这种情况直接导致台里的好几个节目不得不为乔安的节目让步，就连原本说好下个月就要上的丁香的新节目也被暂时叫停了。

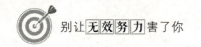

丁香不服气，直接去找相关部门的人员质问。谁知人家都不搭理她，还冲她撂下一句："人家乔安可以免费请来明星，如果你也可以，那就没问题。"

丁香气得紧，感觉自己就像宫斗剧里失宠的娘娘。可问题是，那个乔安还没做出什么成绩呢，就被吹捧成这样——要是做出点成绩来，台里还能有她丁香的位置吗？

丁香想起从前的受宠岁月来，往事历历在目，不堪回首。她越想越气，越气就越想和乔安一拼高下："乔安可以免费请来明星，我又何尝不能！"于是，她立刻开始联系关系还不错的明星，可一圈电话打下来，愿意免费帮她的明星还真没有，最好的情况也只是出场费给打个半价。

丁香沮丧得很，怪自己没有乔安的那两下子。但是，她却在无意间得知了关于乔安的一个绯闻。

这件事可大可小，虽然未被证实，但以丁香多年来的工作经验判断，这个绯闻一定会爆，而且还会让乔安身败名裂。只是，把消息放出去不难，难的是如何善后。

丁香想：如果乔安真的因为这件事出了什么意外，那即便自己成了金牌主持人，这辈子也不会心安。可这样的概率又有多大呢？她不敢细想，怕想了就不敢做了。

几经思考后，丁香最终把消息放了出去。一时间，网上炸开了锅。

事情的经过其实很简单，就是一张照片而已——照片里，乔安和一位著名男士拥吻，而那个男人，大家都知道他是有妇之夫。

顷刻间，口水就将乔安淹没了，在她微博下面骂她的网友不胜枚举，台里迅速暂停了乔安的一切行程。

台长对这件事极其愤慨，他一度以为这是某个跟乔安有过节的人故意乘机放出来的——做出这种损坏乔安信誉和人品的行为，足以说明对方对乔安的恨。很明显，这个人不想乔安在新东家做得顺利，不想她继续火下去，可TA会是谁呢？

台长左思右想，将目标锁定在乔安从前工作过的电视台。他认为，这很可能是她在之前的工作中得罪了谁，双方闹了不愉快，所以才这么害她。

乔安因为突发事件导致新节目无法开播，情急之下，台长再次启用了丁香，并将她的节目提前播出，只是在宣传上因为时间来不及而有些匮乏。

丁香一直在关注这件事，虽然计划进展得很顺利，但她心里时常感到不安，工作起来也是整日一副心事重重的样子。她总是特别留意乔安那边的动态，这倒让台长开始怀疑起她来。

受舆论压力的影响，乔安的节目无限期延后，就连她本人也躲了起来。愧疚占满了丁香的心房，这种局面她并不是没想过，可即便她想过了，她还是这么做了——这是她的选择，她无法逃脱。

事情的结局是，半年后，乔安的节目低调开播，一开始收视率很低，直到后来她参加了一档访谈节目，才澄清了自己的"小三"之名。

原来，绯闻中的那个男人早已办了离婚手续，只是碍于身份不便公开。而现在，她并没有因为社会舆论放弃真爱——她愿意说出真相，

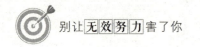

是为了对得起曾经喜欢她、在她出事后还支持她的观众。

节目中，乔安诚恳的态度感染了观众，就这样，她再度占据热搜榜。随之而来的是，她主持的节目收视率一路攀升，网友的评论也大多转成了正面的。

乔安的节目超过了丁香的节目，再度成了台里的收视女王。这一次，丁香不得不傻眼了。

其实，在职场上拼，到最后拼的都是能力，通过算计取得胜利都是暂时的。而且，算计者还要背负道德的枷锁、内心的自我谴责。何必呢？

吴江和周正原本是部门里关系最好的兄弟，两人的业务水平不相上下，都很受领导的重视。不久前，部门经理辞职出现了职位空缺，公司总监左思右想，觉得还是从部门里挑人晋升比较好。眨眼间，吴江和周正就成了竞争关系。

在工作年限上，吴江比周正长；在学历上，研究生毕业的周正又比本科生吴江有优势。在业绩上，两人都拿过第一，没有太大的差别。而在性格上，吴江偏外向、好动，跟什么人说什么话；周正偏内向，虽然话少但执行力强，交代给他的工作，他总能在第一时间完成，而且还完成得很不错。

这就让总监犯难了，比较来比较去，他最终决定用一个项目来考察这两个人——谁的方案做得好，谁的方案被客户敲定，就让谁做部门经理。

规则一出，两人都不说话了，办公室的气氛都开始变得怪异起来。不仅如此，还有选择站队的：有的人支持吴江，觉得他资历深，本该得到这个职位；有的人支持周正，觉得他专业能力突出，大家在他手下做事有冲劲儿。

而吴江和周正也开始暗自较劲，谁都不想输，因此，他们之间的话少了，工作上的合作没有了。下班后，两人也不再一起去吃烤串了。

一切好像都变了，这太突然，两人都很不适应。可没办法，既然对方都冷着自己，自己又何必上赶着去亲近对方呢？

就在方案的截止日期快到了的时候，周正被同事告知，说看到吴江单独请总监吃饭了，还是在高档酒店。那个同事劝他："你也走动走动，别总是木着。要是领导看不上你，你做得再好也是白搭。"

周正想了想，又看了看办公室里正在谈话的总监和吴江，这才发现，近来吴江去总监办公室的次数是越来越多了。他很好奇他们都说了些什么，但直觉告诉他，他们聊的不全是工作。

周正陷入了矛盾之中，他很纠结，因为平时自己跟总监没有任何交集。虽然他并不完全认同同事的说法，但有件事他能理解，就是领导当然会用跟自己关系好的人——如果是这样，那吴江升职岂不就是板上钉钉的事了？

就在此时，周正从一位在客户公司里就职的同学那里得知了客户的禁忌。这禁忌还很重要，如果是不知道的人，做出的方案不可能被通过。

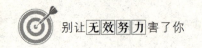

　　周正很庆幸同学告诉了自己这一点，还因此修改了之前的方案。但改完之后，他又想到了吴江的事，便又陷入了沉思中。他该不该把这个禁忌告诉吴江呢？如果不告诉他，万一他用了禁忌的元素，那他的方案岂不是会被否决？如果告诉他，那自己的胜算岂不是又少了一分？

　　矛盾中，周正觉得自己好像生病了一般，做什么事都打不起精神来，恍恍惚惚的老出神。

　　这种状态困扰了他两天，最终，他选择把这件事大大方方地告诉吴江——他想得很清楚，如果吴江不知道，这也没什么；但既然自己已经知道了，就不能不说，否则，他过不了自己的良心这一关。

　　周正决定了，他宁可失去这次晋升的机会，也不能做昧良心的小人。

　　当他把这个禁忌说给吴江后，吴江很是惊讶。吴江问他："你为什么选择把这么重要的信息告诉我呢？如果你不告诉我，这次你稳赢了，因为我的方案已经做好了，还用了那个禁忌的元素。"

　　周正一五一十地把自己的想法告诉了吴江，吴江听后颇为感动，二话不说便和周正来了一个拥抱。

　　故事的结局是，吴江和周正的方案都很不错，客户决定增加一个项目组，两种方案都采纳。过了没多久，周正最终晋升了。

　　后来，吴江跟周正讲，自从两人关系疏远之后，他说不出地难受，于是他请总监吃饭，希望总监能换种方式来考核他们。但总监很固执，说已经宣布的事就跟泼出去的水一样，收不回来了。

再后来，他从周正那里得知关于客户禁忌的消息后，觉得这个朋友没白交，之前倒是自己想多了，于是，他到总监那里提出自己主动退出竞争。不过，应总监的要求，他还是修改方案参加了比赛。

周正最终选择坚持自己的原则，这难能可贵。而吴江也并没有因为职位的竞争就选择走捷径，他们的故事值得我们深思和学习。

很多人都说，职场就是你算计我，我算计你，不多长个心眼儿根本成不了事。

也许，一时的算计可以让你得到眼前的利益，让你比别人走得快一些，但从长远来看，职场上拼的终究是个人实力——倘若你有真才实学，即便被算计了，也有出头的那天；不是的话，就算没人算计你，你也坐不到梦想的位子上去。

职场很现实，现实到容不得你跟它耍一丁点的心思。

6. 你有规则，我有原则

邹言刚到公司的时候，因为反应灵敏、做事勤快而受到主管的青睐。他虽然是一个新人，主管却很放心地交给他很多工作去做。

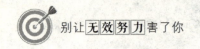

一开始，虽说邹言什么都不懂、都不会，倍感压力，但不管怎样，他都硬撑了下来。一年多以后，他的工作能力提升了不少，加之他情商高，跟上司和同事的关系都处得非常不错，主管因此有意提拔他。

邹言在公司服务了两年后，主管派他去广东出差，本打算若此次出差他能拿个大单回来，就名正言顺地给他升职。

广东这个客户和公司合作已久，之前客户到公司来访时也见过邹言，对他是赞不绝口，其间的合作都很顺利。这次去是因为公司和客户的合同到期了，按理说，邹言拿下这个续签订单没问题——可谁知，还就是这次广东之行把他的升职路给堵住了。

事情的经过是这样的：邹言除了跟客户谈后续的订单，还要解决前不久客户反映的一个质量问题。因此，和邹言同行的还有品保部的小顾。

小顾比邹言早一年进的公司，算是邹言的前辈，他平时爱讲笑话，是办公室里女同事的开心果。邹言跟他也是泛泛之交，就是这次出差让彼此熟了起来。

在去的路上，小顾说了一路，专门跟邹言聊历史人物，从两汉讲到三国，又从隋唐讲到宋元明清。

邹言除了知道大家都熟悉的历史人物外，对其他历史人物觉得很新鲜。加上小顾又长了张说评书的嘴，特别能侃，听得邹言一愣一愣的，心中不禁暗自佩服，深觉小顾知识渊博，自己可是差了不少。

邹言知道客户公司的徐经理也是个历史迷，心想着这回可好了，有了小顾，让他多跟徐经理聊聊——这一聊，别说是续签订单，就是质量问题也能圆满解决。他这么一想，便立刻放下心来。

于是，这一路上他便对小顾有求必应，照顾得妥妥当当。其间，他不经意地提起徐经理也喜欢历史这件事，小顾立刻会意，当下便说："老弟放心，跟客户喝酒我不行，但跟他聊这个绝对没问题。"

一切都在按照邹言预想的方向发展，他知道徐经理喜欢吃辣，专挑了一家正宗的川菜馆请客。席间，小顾又跟徐经理大聊历史人物，偏巧两人在对历史人物的看法上很相似，大有相见恨晚之感，一顿饭吃得别提有多开心了。

头开好了，后面的工作也就好做了。小顾进厂查看产品质量问题，发现倒真不是大问题，他立刻就给出了解决办法。邹言这边也承诺，会立刻补发相应数量的货过来。至于新的订单，徐经理拍着邹言的肩膀说："这合同早就准备签了，好好干吧。"

眼看着所有的事都顺利完成了，邹言兴高采烈地准备请小顾吃顿饭。他问小顾想吃什么，小顾说："既然到了广州当然要吃粤菜了，找家高档的粤菜馆如何？"

邹言知道任何东西一旦跟高档两字挂钩，价格一定不菲。但他为了感谢小顾，决定破费一次。

两人就去了一家高档酒店，点的还都是山珍海味，一顿饭吃下来差点把邹言的信用卡刷爆。但这客是邹言要请的，就算后面要让他吃一个月的泡面，也不得不这么做。谁知去买单的时候，小顾执意索要发票。

邹言当时不解，见小顾给他使了个眼色，就要了发票。待两人出

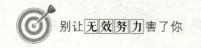
了酒店门，小顾就凑到他耳边说："大家出来不就是为了这个吗？昨儿请客花得又不多，你把这张发票拿去报销，上头也一定不会查。"

见邹言欲言又止的样子，小顾立刻又说："你就放心吧，这可是你们销售部经常会来的一家酒店，你可能是第一次来，但你们部门的人来的次数多了。你尽管拿回去报销，我还能真让你自己破费不成？"

邹言一开始觉得不妥，但经小顾这么一讲，他心想着，既然部门里的人也请客户在这家酒店吃过饭，价格自然是知道的，想来都差不多，领导应该也不会过问。

他虽然有点拿不准，但一想到小顾说的话，心就平静下来了。

邹言照着小顾说的，把这顿饭钱当成请客的钱款报销了。主管还对邹言此次之行感到非常满意，并私底下对他说，已经上报了他升职的事。

邹言觉得自己顺得很，回去后又单独请了小顾一顿。

谁知，三天后事发。当时，主管直接问邹言关于在那家酒店请客的事，邹言没说过谎，这一听，脸色骤变。

主管马上就明白了，拍案而起，大声道："邹言，你居然敢拿公款吃喝，亏我还这么信任你，你报什么，我就批什么。结果可好，昨天晚上广东的徐经理打电话给我，夸你聪明，找了一家连他自己都不知道的川菜馆，那味道简直太棒了。可是，你的报销单里是什么？"

邹言被主管狠狠地训斥了一顿，直接被告知此次升职没戏了，而且还会通报批评。

邹言知道，通报批评已经是很轻的处罚了，按规定，公司把他开除了也不为过。他悔不当初，如果当时他能把握原则，不被小顾干扰，那么他损失的只是几千元钱，而不是自己的前途啊！

其实，不只是邹言，很多人在面对这样的诱惑时都会把持不住原则。但如果你能做到克制欲望、坚持自我，职场也决不会亏待你。

说到这里，我想起了苏青。

苏青是我的一位读者，有一次我们闲聊起原则这个问题，她便跟我讲了一件她自己亲身经历的事。

话说苏青刚去现在就职的这家公司时，做的是组长的职位。

这家公司不小，规模在业内是数一数二的。当时苏青看中它，就是因为它在行业里的地位以及研发能力。但她没想到的是，公司内部存在着各种小团体、小帮派，其中就有 A 大帮、科大帮等。这些人分别出自同一所学校，因有高层在上面，下面便逐渐捆绑，形成一个个团体，一荣俱荣，一损俱损。

这种状况显然是苏青没想到的。只不过是一家公司而已，大家一起做事，为的不就是公司的繁荣发展吗？她可以理解有些人为了攀高枝，试图以此谋求自己的利益，可这样做难道真的有效果吗？

苏青打算睁一只眼闭一只眼，不参与，也不干涉。然而，她的做法似乎并不奏效，她觉得自己就像进了后宫——你不想争，不想跟人拉帮结派，却还是会被人要求明确自己的立场，选择一方站队，否则，在公司里将寸步难行。

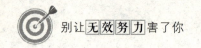

　　苏青没有听，她当时笑着说："我既不是 A 大的，也不是科大的，我的学校就是个普通二本，实在不敢高攀。"

　　对方见她如此，很快就给她使了个绊子。

　　当时，苏青对设计图有意见，结果对方不说改，也不说不改，第二天直接休年假，一休就是一周。而这个设计图，苏青两天内就要用。

　　苏青想，你休假，总有代理人吧。的确是有代理人，谁知那人直言自己不懂，细节方面必须等对方回来。她不服，直接找到他们的主管，结果主管一直忙着接电话，再不就是敷衍她。总之，人家不是不肯做，只是不用心。

　　苏青知道，他们是在逼着自己做出选择。她很不理解的是，为什么她一定要做出选择呢？她不想参与任何一方的争斗，只想在公司好好工作，难道这样的要求也不能满足吗？

　　她直接将此事的原委上报给总监，总监若有所思地看着她，表情似笑非笑。她以为就此得罪了公司的所有人，打算另谋出路。不料，总部空降了一位新总裁。

　　新官上任三把火，二话不说，就把设计部的总监调到分公司去了。不仅如此，之前和设计总监斗得最厉害的研发总监突然辞职，没人知道真相，公司上下顿时人心惶惶。

　　苏青那时更是事不关己，高高挂起，一边找新工作，一边应付公司里的事。不料，此时她被总裁叫了去，办公室里还有他们部门的领导。

原来，部门领导也早就对公司里拉帮结派的作风十分不满，虽然说他是 A 大毕业的，但并不认同他们的这种做法——当年刚进公司的他经历了和苏青一样的遭遇，但不管怎么样，他坚持下来了。

新任总裁得知这种情况，在与总部商议后，亲自到公司坐镇，整顿不良风气。苏青在中立者中脱颖而出，总裁对她委以重任，十分信任。

有人说，苏青是因祸得福。依我看，其实不然——她自己恪守原则，这才帮了她。如果当时她顶不住压力也随波逐流，成了小团体里的一个，那么她便不可能被新总裁看中，成为新的研发总监。

在职场中，我们总能看到各种不成文的规则，虽然我们不能消除这些规则，却有能力恪守自己的原则。

一个人无论在什么时候都应该守住自己的底线，它会告诉你：守住它，你到哪里都还是你自己。

第六章

你足够优秀，世界才会对你公平以待

职场并非一路凶险，只要你肯努力，做最棒的自己，职场终究不会辜负你的努力——即便你的学历没那么高，英文没那么好，你也一样可以凭借自己的智慧和勤奋得到属于自己的一切。

1. 格局逆袭

那天，我们为小薇换了新车去小聚庆祝了一下。算起来，这应该是她换的第三辆车了，但品牌层次在不断提升，款式也一次比一次好看。

落落看着小薇的那辆红色小轿车，对它的价格颇是感慨。看完车，我们一个个走进包间，大家就小薇换车这件事聊了起来——积极品评的居多，剩下的都觉得小薇奢侈得很，落落更是觉得有钱还不如买房呢。

小薇不置可否，笑嘻嘻地听我们在那里议论，好像自己是个局外人似的。

看我们都说得差不多了，小薇方才感叹："人不都是这样吗？总是不断地追求更好的东西。你没房子的时候，想着有房就可以了，不论大小。等你有了一居室，就会想一居室太小了，得换个两居室。当你有了两居室，同样会觉得三居室更好。可就是这样的不满足以及对生活的挑剔，才能促使自己不断进步。"

我很赞同小薇的最后一句话，世上如果没有不满足的人，社会将

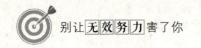

会停止进步。

曾在网上看过一句话：挑剔的人，品位高。人正是因为内心对完美的苛求，才会严格地挑选适合自己的一切，比如学校、爱人、工作等。

杨楚就是一个对工作颇为挑剔的人。

上学那会儿，他是班上稳居前三的好学生，脑子灵活，很讲究方法，从不死记硬背。他高中时学得最好的是数学，经常以满分拔得头筹。

最让杨楚愁闷的是英语，每次都是这门课拖后腿。他也没少上补习班，可就是不见效。临近高考之际，他就自己的综合能力做了评估，认为补短已经来不及了，只能保长。

事实证明，杨楚的这个策略是正确的——高考时他发挥正常，总分妥妥地超过重点线 30 分。

问题接踵而至，考了高分也有烦恼。面对填报志愿这事，杨楚陷入了沉默。当时，他主要在科大和一所综合性重点大学之间选学校，那时他想学经济学专业，于是就在会计和国际经济与贸易之间徘徊。

就学校的名声而言，科大的名声大一些，但科大是偏理工科的，以机械自动化见长，经济管理不过是辅助性科目，并不受重视。而另外一所综合性的大学就不一样，这所大学原本就以文科为主，经济管理隶属商学院，是学校重点建设的科目之一，无论是师资储备还是科研环境都相当不错。

于是，杨楚毫不犹豫地报了后者。

但是，考研之际，杨楚又遇到了类似的问题。那时他志在金融学，想考金融学的研究生。据了解，某所金融院校名列全国前三。他有些拿不准，毕竟还要根据自己的实力来，如果一味地求好，万一落榜了岂不是要浪费一年的时间？

报名那天，杨楚偏巧遇上了辅导员，两人就报考研究生一事聊了起来，他将自己的疑惑告诉了老师。

老师听后，笑说："杨楚啊，如果一个人在挑战一件难事之前就先对自己的能力起了怀疑，那他如何还能攻克难关呢？考研这件事，需要考生自己明白最想学的是什么，如果只是为了一张文凭，那大可不必浪费三年时间。

"你既然想在金融专业里学到些真本事，就应该考最好的大学，得到最好的教育，这样你才能收获你最想要的东西。你现在挑剔一些，将来才会舒服一些。"

杨楚觉得老师说得有理，虽然他的把握不大，但还是决定拼一把，未加多想便报了心仪的那所大学。既然有了破釜沉舟之心，在做起这件事来，他自然也就清楚自己该努力到什么程度了。

那半年里，杨楚一门心思扑在考研上，不敢有任何怠慢。金秋九月，他如愿地拿到了录取通知书。

毕业前，他在一家知名外企实习。那是一家汽车品牌公司，薪水和福利都很不错，毕业后他可以直接留下，但他还是拒绝了。他认为，虽然这是一家各方面条件都很不错的公司，但工作内容并不贴合自己

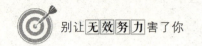

的诉求。而且，他不认为自己在这一行能做出什么成绩来。

他转而进入了一家证券公司，尝试着做风投。在他看来，这份职业简直就是为自己量身定做的——它既符合自己的要求，也符合自己对工作时间的自由掌控。而且，他数学很好，可以在这份工作上充分发挥自己的特长。

也许有人认为，杨楚不该这么挑，天底下有才干的人多得是，而且职场目前还是用人市场，选择权并不在求职者手中——既然能有一份各方面条件都不错的工作，就该知足了，否则就是任性。

有工作不去做是任性，但对杨楚来说，他挑剔的不是对方给出的条件，而是这份工作是否符合自己的要求。

对职业生涯有规划的人，才会清楚自己想做什么工作、想把工作做到什么程度。也只有这样，他才会离自己的目标越来越近。

用挑剔的眼光看待工作，并不是指我们可以对工作挑三拣四，而是那份工作是否贴合你的职业目标，是否能发挥出你的优点。而要做到这一点，前提条件是你得有挑剔的资本——你要有足够的学识支撑你的梦想，要有足够的能力去成就你的理想。

没有谁的事业就应该随随便便应付，你应付了一次，后面的路便不好走了。

2. 别在不该较真儿的时候较真儿

职场里，并不是所有的事都需要较真儿。

大学时，乔乔学的是酒店管理，之所以学这个专业，是因为她特别喜欢大酒店那种殿堂级的服务，觉得里面穿制服和套裙的工作人员也很酷。

毕业之后，她在一家五星级酒店就职了，职位是大堂接待。每天一站就是好几个小时，而且还要仪态优美、笑脸迎人——没多久，她就深刻体会到了这份工作的不易。

那时候，过了职场新鲜期，随着工作的枯燥和重复越来越久，她开始进入厌倦期，工作对她来说，每天更像是上刑场——每天回去，她都要用按摩油按摩腿部和脚部。慢慢地，她萌生了辞职的想法，可又怕父母数落她，便一直忍着。

一年后，乔乔想着是否可以调换个岗位。那时她想做大客户经理，于是她便格外留心这个职位的任用，四处打听大客户经理的资质，业余时间也在学习这方面的知识。

结果，事与愿违。酒店里调换岗位，将乔乔转到了客房服务部。

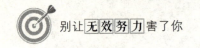

她当时就生气了，觉得自己怎么越做越下滑了呢？原本是个站在大厅里服务客户的木桩子，现在可好，直接成伺候人的丫鬟了。

乔乔越想越来气。她直接找到上司，禀明来意，说她不想去客户服务部，她想做的是大客户经理。上司心里也有气，心想着，你还没当上大客户经理呢，就这么无理取闹，如果真让你当上了，那还了得。

上司没给乔乔好脸色，一气之下，她扬言要辞职。当下，她就换了工作服回家去了。

乔乔回去哭了半天，心想自己都快有静脉曲张了，公司居然也不体恤员工——人家都往高处调，她可好，越调越低。

想了一晚上，结果她又有点后悔。她用那样的态度去对待上司，若是不想辞职，这还怎么回去啊？即便这次上司不计较，但她也算是有"前科"的人了，将来人家也一定不会重视自己——若真如此，工作是如何也保不住了。

乔乔到底还是辞职了。走的那天，她和几个关系不错的姐妹吃了顿饭。

其间，一个小姐妹问乔乔辞职的原因。她有些难为情，就以不想干了为由准备搪塞过去。不想，那姐妹长叹一声，说："乔乔，我可是听人事部的人说，上头挺器重你的。"

乔乔苦笑道："器重？如果领导真的器重我，会把我调到客房服务部吗？"

小姐妹急了："没错啊，人事部的人说了，正是因为器重你，所以才想让你尽快熟悉基层工作。而且，客房服务部是直接接触客人的，也是了解客人需求的最直接渠道。你只有熟悉了这些，才能提拔你为大客户经理。"

乔乔一听愣了，她简直不敢相信。

小姐妹以为她不信，又很肯定地来了一句："这是我在卫生间里偶尔听到经理和人事的对话，不可能是假的。所以，你辞职的时候我就特别惊讶，天下怎么会有放弃升职而另谋他就的人呢？后来，我想着你是找到更好的去处了。"

乔乔拿着水杯的手开始僵硬，她哪里知道领导的良苦用心。只是，她终归因为自己的任性而葬送了大好前程，此时说后悔已经太迟了。

这件事，乔乔至今都耿耿于怀。她时常跟我唠叨，说她如果不跟那个上司较真儿，没有任性地做出辞职的举动，那么，她现在该是酒店的大客户经理了——那可是她梦寐以求的职位。

可是，现在呢？她不过是另一家酒店的大堂接待，究竟什么时候能升为大客户经理，还是个问号。

世上没有后悔药，乔乔的遗憾是自己一手造成的，她理应承受后果。

在职场中，因为职位不合心意就冲动地离职的人也有不少，张嘉便是其中一位。

张嘉刚毕业就到一家公司做了销售代表，在岗位上一直兢兢业业。一开始，他不懂营销技巧，更不懂如何开拓市场，曾经有好几个月的业绩不达标。可就是这样，他还是坚持了下来。

相比别的销售员，张嘉自认为没有特别的技巧，就只有做得比别人勤快一些——腿脚勤快，嘴巴勤快。渐渐地，他摸索出了适合自己的工作方法，而且还挺有效果，这套方法帮助他从业绩的最后一名翻身成为第一名。

那时候，张嘉确实觉得"世上无难事，只怕有心人"。工作上的进步给了他很大的信心，也鼓舞着他对自己有了更高的期待。

张嘉的表现，领导并不是看不到。通过几次谈话，领导了解到他是一个很有责任心和抱负的有志青年，加之他那种从不轻易说放弃的精神，以及近年来看涨的业绩数据，领导有意提拔他为客户经理。

此事传到张嘉的耳朵里，一时间他便觉得自己升职有望，估计也就是年后的事了。于是，他在工作上越发努力了，不少客户都点名夸奖他，还给他介绍新客户，他的工作做得越来越好了。

没想到，来年的升职并没有张嘉的事。

如果说仅仅是因为没有升职成功而让张嘉有了情绪，这并不准确，因为真正让他有了辞职打算的原因是：公司突然空降了一个人做他的顶头上司，而那个人的工作方法与他不大相同，所以，关键因素是新上司并不认可他。

偏巧，此时有猎头看中张嘉，介绍他到另一家企业里做客户经理，他不曾多想便答应了。

张嘉辞职那天，领导对他多有劝阻，知道他对公司的决定不理解，但还是希望他继续为公司服务，并承诺公司绝不会亏待他。

已经有了下家，而且是客户经理，张嘉哪里还看得上老东家呢？

他去意已决，还带着些怨气离开了。

然而，世上总有些事会令你意想不到，有些是好事，有些却不尽然。

踌躇满志、怀着奋斗精神的张嘉，到新公司报到时才知道，原来这里的客户经理就相当于他在原公司的销售代表，只是在叫法上高级了一些，好听了一些。他顿时有种五雷轰顶的感觉。

对张嘉来说，如果在原公司咽下那口气，明年若再有升职名额，他说不定就能上去；可现在到了新公司，业务还需要重新熟悉，客户也需要重新积累，一切都要从头来。这么一想，他后悔了。

同一个名称，在不同的公司代表着不同的含义。当初因为走得急，张嘉并没有了解在新公司的具体职位和工作，就贸然从原公司辞职，断了自己的退路，这的确很冲动。倘若他能忍一时之不快，不计较眼前的利益，想来也不会走弯路。

3. 你需要的是讲究，而不是将就

在网上看到一句话：爱讲究的人，品位高。

很小的时候，我觉得讲究这两个字的前面总会带一个"穷"字——

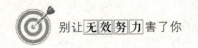

若是某人要求多，别人嫌他麻烦，就会没好气地数落一句："穷讲究！"

这三个字含有很深的贬义，因此，那时我不喜欢别人这么说自己。

随着年纪一天天长大，知道了很多事，见过了很多人，我方才改变了从前对"讲究"的理解。因为，我越来越发现：懂得讲究的人，生活的品质更高，职业的发展更好。而那些常常把"将就"挂在嘴边的人，反倒最终成了一个被生活将就的人。

我在读书俱乐部里认识了一个名叫乐华的女孩，她是个典型的90后姑娘，周身散发着朝气，很爱说话，不多时我们就玩到一块儿去了。我们经常在私下小聚，每次聚会她都会跟我讲她们公司里发生的趣事。

之前，乐华一直对自己的主管欣姐赞不绝口，说这个女人很能干，而且还很平易近人，不管她有多忙，都可以随时找她答疑解惑；遇到一些不会做的事，她甚至都可以帮你做。总之一句话，人特别好。

不久前，欣姐被调到分公司去了，上面又给她们部门分配了一个人过来，她们都叫他吴哥。吴哥虽然长得还不错，却是牛脾气，对什么事都挑三拣四的，一点也不和蔼，让她们很受不了。

我问乐华究竟如何受不了，她略带气愤地开始跟我侃侃而谈起来。

吴哥当时来部门的时候，就穿得特别考究，虽然不是大牌行头，但一看就知道是经过精心准备的。皮鞋连边儿都擦得特别亮，若不是鞋面上的几道褶子，乐华还真当他穿了双新皮鞋。

吴哥看上去比欣姐还年轻，比乐华也大不了几岁。乐华一开始还犯花痴，但第一次的小组会议就让她大跌眼镜。乐华说："你能想象一个大帅哥一本正经、义正词严地在会议室里对我们做的每一份工作挑刺儿吗？他连张姐也不放过。"

张姐是组里的另一位资深员工，在公司就职多年，却一直没有升迁。

我问乐华："他都挑了哪些方面？"

乐华掰着手指头跟我讲："什么报告的逻辑性有问题，还有字体大小不统一，PPT颜色搭配不协调，一份美元币值的数据表上竟然有一个人民币的标识……他当下就翻了脸，让我们统统重做。"

不仅如此，据乐华讲，吴哥一来，她们组就发生了翻天覆地的变化，诸如大家不敢再把桌面弄得一团糟，更不敢在看合同的时候吃薯条。一把年纪的张姐，现在还在跟人学做PPT呢。

至于乐华自己，她在被吴哥训斥了好几遍后，再也不敢套用模板了——除非遇到紧急情况才会用模板。但每次做完表格，她都会强迫症上身似的审查个三五遍，在确定日期、数据、币种、公式、格子的大小都没问题后，才会发给吴哥。

乐华调侃说，她都快变成神经病了。

我听后不禁一笑，说："那不是挺好吗，他这是在逼着你进步。"

乐华不满地说："可这很烦人的，公司又不是他家的，那么认真干吗？再说了，一个大男人讲究那么多干吗？有些不重要的工作问题，比如字体的大小、颜色，将就一下也行的，难不成还真要比女明星好

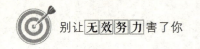

看才行？"

我先是低笑不语，随后跟她讲起我的一个发小唐莉的故事。

唐莉是个女汉子，从小最常挂在嘴边的话就是："将就着吧，又不是不可以。"

小时候，我在穿衣和头饰上很挑剔，如果要换一套红色的裙子，头绳最好也是红色的，而绝对不能是绿色或蓝色的。但唐莉就不是这样，我经常会看见她穿着绿裙子，脚下踩的是一双红凉鞋。

那时的我说话直来直去，指着唐莉的鞋子就说不好看。她则回头瞅我一眼，说我穷讲究。

后来大了一些，我们都开始上学了。小学和初中时我们不分伯仲，等中考的时候，我每天都在房间里复习功课，而唐莉还是一如既往地在外面玩耍。我问她："你不打算考重点高中吗？"

她歪着头说："想啊，但重点高中不容易考——就算没考上也会被普通中学录取，没什么区别。"她还劝我不要太放在心上，尽力了就行。

来年我考上了重点高中，唐莉则去了一所普通高中。我上的学校远，每天骑自行车需要一个小时，而她上的学校近，正常速度骑自行车十分钟就能到。

那时，她很开心地跟我说："你看，读重点高中有什么好，来回都要两个小时，时间全浪费在路上了。我离得近，这样多好。读书嘛，在哪个学校读不都一样？何必那么讲究。"

那时我确实学得有些辛苦，经常会迟到。而且，高中学业重，每天都觉得觉不够睡，把两个小时花在路上想想也觉得不值。

有一次，我心情不好，就把这话说给了爸妈听。

我爸一听，来了一句："一样不一样，高考之后就明了了。你不能因为上学路远就打退堂鼓，觉得这不好那不好。学校近了是好，但也有弊端。做人要有自己的原则，不能别人说什么好，你就觉得什么好。"

父亲的话得到应验是在三年后。我如愿去了 A 大，唐莉则去了一所三流大学，巧的是，我们竟然学的是同一个专业。

上大学后我们就很少联系了，其间，偶尔会从别人的口中得知点唐莉的消息。原来，当时高考成绩下来之后，她的父母有意让她复读一年，毕竟她的底子在，再读一年没准儿能考个重点大学，上这所学校有点委屈她了。

没想到，她死活也不肯再读，说高三太苦了，一年下来身心俱疲，她不想再经历一次。而且，她的理由是，虽然这是所三流大学，但怎么着也是二本，读完她也是本科生。如果复读一年，即便考上重点，将来在简历里一样写的是本科，又何必那么挑剔呢。

父母不忍心强迫她，便作罢了，于是，她踏入了那所二本学校。听闻她在学校里学得还不错，而且还当了学生会干部，也算是过得有声有色，最起码在系里算是个风云人物。

一晃四年过去了，我继续考研究生，可惜落了榜。

因为英语还不错，我就进了一家外企做项目管理。当时，作为菜

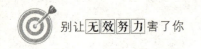

鸟的我什么也不会，偏巧还遇上个特别挑剔的主管：所有的报告都要用统一的格式发给他，包括字体、颜色、字号，全都不能错；PPT 的报告里字数不能多，一定要图文结合，还要生动。

那时，我们部门每个月都需要做一份 KPI 报告。原本这报告是部门同事轮流做的，也不知是什么原因便落在了我的头上。

郁闷的是，我做了几个版本，主管都不满意。后来，他发给我一个可供参考的模板，如果我做不出那种水平的 PPT，就让我一直做这个报告。

那时我头都大了，一肚子的苦水。PPT 使用技能还处于入门阶段的我，连模板里的动图是怎么来的都不清楚。面对这样无从下手的工作，我真是叫天天不应，叫地地不灵。

我暗自对主管大为不满，觉得他太挑，一个报告而已，何必那么较真儿。但事已如此，我必须得做下去。结果，前两个版本都被打了回来。主管很生气地对我说："行了，这个工作以后就都你来做。"

我当时想，既然如此，那我就慢慢地做吧。

我利用业余时间开始钻研 PPT 的做法，还因此知道了水晶易表。因为不懂，就从网上查教程，一点一点地来。到了来年，那个报告终于被我做出了新花样，我看着主管脸上久违的笑，终于松了一口气。

学做 PPT 的日子很痛苦，可就是因为这么一个挑剔、讲究的主管让我学会了一项至少可以在全部门领先的技能，而这项技能是我将来离开这家公司，从事其他工作时也能用得上的。

后来，当我做的 PPT 被人称赞时，我不得不想起和感谢这位做事讲究的主管来。

至于唐莉，她去了一家国企做外贸。她生性活泼外向，英语也不错，这份工作倒适合她。但后来一见，听她提起自己的工作来竟是满肚子的苦水——她嫌公司里的员工年纪太大，没有活力，氛围死气沉沉的，让人待着很不舒服，而且公司的效益并不怎么样。

我的意思是，既然做得不开心，趁年轻可以再找新的工作，总是这种懒散的状态也不好。可唐莉对我说："在哪儿干不是干啊，都一样，将就着吧，只要给我发工资就行。"

意外发生在两年后，唐莉的单位被一家实力雄厚的私企并购，组织机构大调整，很多人都被协议离职了，其中就包括唐莉。

从国企出来后，唐莉早没了之前意气风发的劲头，再加上经济不景气，她年纪也大了，工作就更不好找了。

乐华听我讲完后，默默地低头沉思着。

将就一次没什么，但长此以往，这个习惯将会在你的意识里生根发芽，继而壮大。如果你做什么事都想着将就，那么，你迟早会接受世界对你的将就。

讲究一点不是错，那表示你对自我有要求，而一个不会对自己将就的人，世界又怎么会将就他呢？

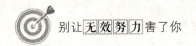

4. 随心所欲的不是跳槽，而是挪窝

邹丽一直不喜欢现在的销售工作，因为天天被业绩压着，还要对客户笑脸相迎。可她是个内向的人，一张嘴也说不出什么好听的话来，所以在公司一直表现平平，没什么亮点。

在萌生离职的念头后，邹丽开始关注网上的招聘信息。

不久前，得知某家汽车企业招聘企划专员，邹丽便来了兴致，按步骤做了一份还不错的简历发了出去。没想到，她幸运地进入了复试。过了几天，当她得知自己被录用后，高兴得不得了。

从那以后，邹丽的心思便全然不在本职工作上，早上来打个卡，混完八小时再打卡回家，每天过得异常滋润。

过了一周，她又接到对方的电话通知，说offer会尽快给她，请她注意查收，并要求她准备去体检。她一听，对方都要给她offer了，便兴奋地递交了辞职报告，有种终于解脱了的感觉。

本以为一切已成定局，谁知没过两天，邹丽再次收到对方的通知，说是受市场因素的影响，企划部门这个岗位冻结了，倒是销售部门现在缺人，问她愿不愿意再接受一次面试。

邹丽简直有如五雷轰顶，她当下一蒙，感觉气都喘不上来了。但转念一想，她已经办理了辞职手续，原公司肯定是回不去了，自己现在骑虎难下，即便不喜欢做销售，也只能硬着头皮去试试。

可想而知，邹丽的面试结果如何了。因为在原公司就业绩平平，所以，在面试的时候即便她已经夸大了自己的能力，但到底逃不过面试官的眼睛。

回去后，邹丽非常沮丧，感觉这次完了。

饿了一整天肚子后，她跑去楼下的小餐馆点了顿大餐，但越吃越觉得伤心。结果，吃了一半，她就打算回家找工作去。她本想装一次大款，可谁叫她囊中羞涩又遭遇这等意外之事，于是就叫来服务员帮她打包。

找工作迟迟没有结果，邹丽急了，她一再降低自己的标准，到最后，她觉得只要对方肯给她缴纳五险一金就可以了。

可想而知，她最终找上的公司会是什么样子。

直到跨进新公司的大门，邹丽方才确信，自己是真的换了工作。虽然她只是个助理，薪水和原来差不多，但至少不做销售了，这一点倒是让她很开心。

本以为这份工作至少可以做个三五年，不承想，她工作了还不到一年，公司就开始裁员。裁员后，紧跟着就是部门兼并，到后来连工资都拖欠了。邹丽这才察觉到公司陷入了危机，可为时已晚。

事实上，公司的运营状况一直就不好，财务上也有漏洞，老板一直在努力拉投资。前段时间公司之所以在招人，是因为辞职的人太

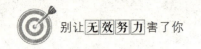

多了，工作量已经大大超出了当时的人员配备，老板才不得不招人，同时也想着再拼一把——如果能度过这次财务危机，公司就能转危为安。可谁知，他被说好了的投资人放了鸽子，加之该行业正处于衰落期，破产是必然的结局。

邹丽的失败在于，她并没有深刻理解跳槽的含义。她仅仅是因为不喜欢一份工作就轻易地做出了辞职的决定，而在未收到对方的 offer 前就贸然离职，等于把自己的退路给堵死了。

这是她后来不得不选择这家公司的主要原因。而在选择公司上，她又因为着急和沮丧而病急乱投医，一再降低自己的标准不说，也不对公司的背景进行调查。如果她可以稳一些，即便赋闲在家也沉得住气，一步步地来，她未必会遭遇后面的事。

如今，跳槽已经成为一件稀松平常的事，很多年轻人只是因为心里不喜欢，或是待遇不够好，或是上司太难伺候就轻易地更换工作，甚至一年可以换好几次。

频繁跳槽，不仅不会给你带来任何好处，反而会让新应聘的公司挑剔你不够忠诚。与此同时，频繁跳槽还会让你的业务能力不扎实，专业水准得不到提高，这都会成为你后期的短板。

不去积极地解决现有工作中的问题，不对行业和公司做深入的了解，不关心时局，你所谓的跳槽只能称作挪窝。

真正的跳槽会推动你的职业发展，增加你的收入，增强你的专业能力，开阔你的职场视野，让你的未来充满无限的可能性。

有一个技术出身的年轻人，曾是某外资银行的技术员，但他很了解自己——他深知自己是一个喜欢与人交流的人，对他而言，最适合面对的是人而不是机器。他据此确立了自己的职业目标，那就是做营销人员。

于是，他开始为这个目标奋斗，并利用业余时间学习营销技巧和谈判技巧。原本，他已经是这家外资银行的部门经理了，但为了做营销而跳槽到另一家科技型公司做销售。这个职位能够让他广泛地接触到不同的客户，从而为他后续的发展奠定坚实的基础。

之后，他又跳槽到一家 IT 公司做中国区总经理。那个年代，国内的 IT 业刚刚起步，客户对软件的常识知之甚少，于是，他便带领团队做了大量的市场推广和客户培训的工作。

让他声名鹊起的是，他加入了英特尔公司做市场总监。在任期内，他负责英特尔在中国的全面推广。为了做好这份工作，他主持、策划了很多市场拓展活动，其中，最让他满意的就是把英特尔的 logo 印在自行车后座上——在那个自行车称霸交通的年代，这一举措很快就把英特尔的名声给打开了。

他在英特尔工作了七年，离开前，英特尔中国区的业绩增长了25 倍。从英特尔离开后，他在微软出任了一段时间的首席市场官。随后他被易趣看中，易趣希望邀请他加入，并帮助易趣扭转局势。

说到这里，可能很多人都猜到这位年轻人的名字了。没错，他就是易趣前中国区总裁吴世雄。

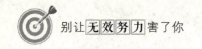

　　吴世雄进入易趣的时候，易趣的状况并不是很好，在国内一直不温不火，急需一位在市场营销方面很有能力的人去扭转局势。

　　易趣之所以选择吴世雄，看中的就是他丰富的市场营销经验，以及对中国市场的深入了解。对他来说，易趣的做事风格和他的个人风格又很贴近，如此相互呼应，想不做都难。

　　吴世雄上任后，对公司进行了一番改革。

　　首先，在吴世雄的指导下，公司实现与skype的全面合作，为易趣上的买家和卖家提供了更畅通、更直接的沟通渠道。

　　其次，吴世雄宣布实施"安全支付"计划，eBay旗下的金融品牌——贝宝(PayPal)正式成为交易的付款方式。与此同时，易趣的广告也频繁出现在各大电视台的黄金时段。

　　吴世雄的策划方案扩大了易趣在中国的名气和影响力，实现了当初易趣跟他合作的初衷。他之所以每次都能够跳高一级，主要原因在于：

　　第一，他十分了解自己的个性和职业需求。当他明白自己最想做的是营销而不是技术的时候，他便开始为此做出了努力。他的跳槽不是偶然的，而是有针对性的必然。

　　第二，他就职的这些公司，都是实力雄厚且在业内甚至全球都享有盛名的大公司，在这样的公司工作，不仅有利于自身职业的未来发展，也对提高自身能力有很大的帮助。

　　第三，尽管他跳槽的次数并不少，但他只专注于一点，那就是营销。而且，他涉足的行业都属于科技类，在这样的公司就职，一来，他符合技术人员的出身；二来，虽然企业不同，运作模式不同，但都在一个行业内，有互通性。

跳槽并不是泛泛而谈，也不是突发奇想后就能去做的一件事。对每个职场人来说，每份工作都很重要，它对你或多或少地都会有所影响。

跳槽前要做充分的准备，首先要了解的就是你为什么要辞职？是目前的工作不符合自己的专长，还是因为公司的理念和自己背道而驰，抑或是薪水太少、上司不可理喻？

如果是工作上的问题，那么，跳槽绝对不是你的最佳选择。每份工作都有它的利弊，因此，这个问题不会因为你的跳槽而解决。

如果是公司的经营本身出了状况，让你不得不跳槽，那么，你就需要了解一下问题是只有这家公司有，还是整个行业都面临这样的困境。

如果是前者，你就需要选一家实力不错、在业内口碑良好的公司。如果是后者，你就需要多看看财经新闻和动态，了解下该行业的发展趋势。比如，公司做的真是夕阳行业，没有任何发展的可能性，那么你就需要考虑换行了。

总而言之，换工作并不是一件可以随心所欲的事，再好的工作也总有让你想要辞职的冲动。如何把握自己的情绪，了解最真的自己，利用跳槽来提升自己的职场价值，才是我们最应该深思熟虑的事。

你自以为是的任性，最终只会害了自己。

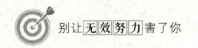

5. 你自以为抵达了极限

    小米一直觉得，她还没有成功是老天的问题。比如，她没当官的爹可拼，没富裕的家境可拼，也没一个厉害的男朋友可以依靠——这直接导致了她空有一身才华，却只能孤芳自赏。

    其实，不只是小米不愿意，哪个年轻人不想出人头地，脱离原本的阶层，更上一层楼呢？

    然而，没有客观条件也不行。

    小米自认为是个肯努力的人，如果能够通过充分发挥主观能动性得来自己想要的一切，那也是极好的。于是，备考的时候，别人十二点睡，小米就十二点半睡；别人上网看剧的时候，她则跑去图书馆看书；别人在月下谈情说爱的时候，她在背单词。

    这个习惯一直保留到现在，可工作了那么久，小米仍然是芸芸众生中很普通的一个——她依旧做不到在商场里不看价格就随便买走看中的大衣，只能跑去网上寻找同款的；依旧买不起昂贵的化妆品，只能眼睁睁看着别的姑娘漂漂亮亮地从她面前走过去而心里泛酸。

    最可气的是，小米跟了很久的项目到最后却以"烂尾"收场，让原本唾手可得的升职机会与自己失之交臂。

小米心有不甘，委屈至极，觉得自己的努力不仅没给自己带来任何收益，反而成了她最不愿意承认的沉没成本。她一个人跑到楼梯口啜泣，一抽一抽的，有种被全世界抛弃的感觉。

许是她太过投入，苏可进来了她也不知道，还让苏可轻易地看到了她的眼泪。

苏可是总监经常夸赞的人，也是那个打败小米荣升为主管的家伙。别看她经常被总监夸，可在同事当中并不受待见，原因就是她太"较真儿"。

上周，隔壁部门的小C偷偷地跟小米控诉苏可，说苏可跟她要一个数据表，她忘了做，苏可一催她才想起来，但当时临到下班时间肯定做不完，她想，反正领导也不急着要，而她还有个重要的约会，于是就问苏可第二天提交好不好。

可谁知苏可就是不肯，原因是她还得再检查一遍，提交给领导前必须要整合完毕。

小C的意思是，这个数据表又不重要，每个月都做，以前别人做的时候也没那么认真，差不多得了。谁知苏可不这么认为，一再要求小C按照邮件上通知的时间给她。

小C当时挺气恼的，为了不影响本年度的绩效，她只得加了一会儿班，把数据整理好后给了苏可。

谁也没想到，就是这样一个寻常不过的月度报告，让总监对苏可

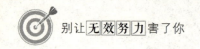

另眼相看。据说，总监从报告上看到了他想要的信息，从而对苏可赞赏有加。

苏可被表扬了，却依然没能引来同事们的欢呼和鼓励，特别是小C——她认为苏可这是在玩心计、玩手段，凭什么她可以拿着大家做的数据汇总而得到上司的嘉奖？

小C甚至认为，苏可和上司之间有问题。

偏巧，那时小米在做一个外贸项目，领导承诺做好了就给她升职。她熬了两个晚上做出的方案，结果在会议上就因为苏可的一句话被毙掉了。

原因是，小米没有考虑到美国市场和德国市场的差异，而方案很明显是基于美国市场来做的。这样一来，小米当下便陷入了尴尬，语塞之际，都是苏可在侃侃而谈。

苏可究竟在说什么，又说了多少，小米压根连一个字都没听进去。她的心里只有委屈和不甘，当时心想："苏可，你究竟和我有什么仇、什么怨，要在这么关键的时刻摆我一道？"

正当小米自演着丰富的内心戏时，苏可的一句话刚好入了她的耳朵："不过，这个方案总的来说还是很不错的，只需要稍微修正一下就完美了。"

领导听后，旋即对苏可另眼相看，赞赏的目光非常明显。随后，领导做了总结性发言。小米的脑子还处于一片混沌之中，只听见领导吩咐苏可协助她，争取实现方案的完整性，并配合她执行。

既然是领导发话，就算小米有一万个不愿意也不得不接受。可在后期的工作中，小米深深地觉得，苏可并不是协助人员，相比起来，她更像是掌舵的船长。

小米每天都要给苏可更新好几版方案，细节处谈了改，改了再谈，如此反复多次。很多时候，小米都烦了，觉得有的地方根本就不需要做得那么细。

苏可似乎看出了小米的心思，到了后期，她便成了修正方案的主笔，然后会在修改的地方做红色批注，并写明原因后发给小米看。

一开始，小米以为苏可是看不起自己的工作能力，心里有怨气，却不好意思说出来。但后来看到那份更加立体、更加有血有肉的方案，她顿时傻了眼。

小米这才明白，为什么升职的不是自己而是苏可。原来，她靠的就是那股子让人讨厌的较真儿劲儿：追求完美，不放过一个细节。

曾经跟苏可有过同窗之谊的 M 说："苏可对自己更较真。"

据说，刚进大学的时候，大家都玩得疯——不管作息时间，只要不上课，很多人都是上网、睡觉、玩游戏，还有谈恋爱的、做兼职的，反正大多是在玩，根本没有什么未来的目标。

唯有苏可，刚上大一就决定了考研，还给自己制订了一个学习计划。这个任务倒也没有多惨无人道，只是规定了每天几点起床，背多少单词，做多少习题，什么时候进行运动以及参加社团活动等。

这样的计划，别的同学也制订了，但大多是三天打鱼，两天晒网。通常的情况是，坚持三天后，一遇到诱惑就抵制不住了，还自我安

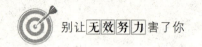

慰：已经坚持三天了，今天放松一下吧。于是，光明正大地抛下该做的事不做，投向诱惑的怀抱。

M是这样，小米其实也是这样。

小米不禁在想：如果当年自己每天都比同学多学半小时，而不是动辄开小差；如果每次去图书馆都仔细地看书、上自习，而不是隔三岔五地跑出去逛街；如果真的按照计划每天都背单词，而不是嘴上念心里不记——现在又怎么会在学历上被苏可压一头，就连工作能力也被她赶超呢？

相较起来，苏可是那种会跟自己较真儿的人，只要是她制订的计划，不管遇到多大的困难或诱惑，她都会逼着自己完成之后再做别的事。对于一个难题，她也一定要刨根问底，里外弄个明白。而我们大部分人所怀抱着的，却是差不多原则。

当时，小米觉得自己一周比别人多学一小时就差不多了，没必要一定按照计划来。同样是做报告，需要用到其他部门的数据，他们没有按时给，导致最后整合的时间就会缩短，小米也不在乎。相较于工作，她觉得做报告差不多就得了，维系同事关系才是重点。

然而，就是这种差不多思想，使得小米做的项目和苏可做的项目有天壤之别。所以，苏可能把一个项目做得很完善，而小米却不行。

所谓失之毫厘，差之千里，很多人都明白这个道理，却只有少数人能真的做到。

同一件事，普通人只能做到七分，少数人可以做到八分，分数越高人也越少。

事实上，做到八分甚至九分，并没有想象中的那么难，只是对于大多数普通人来讲，他们的潜意识里会认为，这件事做到七分就可以了，用不着太精细。

所以，每当做到八九分的人成功了，我们只会觉得委屈："为什么我这么努力，到最后没有成功？"

你可能是很努力了，但你对自己的要求还不够高。对自己较真儿一些，才会拉近你和成功的距离。

6. 工作断舍离

堂妹去了一家做外汇贸易的外企，做的是市场部经理助理，一开始还挺美，觉得一脚踏入了金融行业，接下来就会有丰厚的酬劳和精英头衔等着她。

结果，事与愿违，她去了第一天就回来跟我诉苦，说是那位经理居然还有一位助理。

据堂妹描述，那位助理是海归硕士，本身就学的金融专业，对外汇的了解也比她多。而她不过是国内普通高校毕业的大学生，专业跟

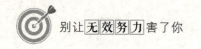
金融搭不上边。两个人往经理跟前一站，堂妹就自觉矮了人家一寸，抬不起头来。

我这才明白堂妹的苦究竟在哪里：她不是觉得工作累，也不是觉得工作难，而是碰见了一个自认为永远比不过的竞争对手。

她不理解，为什么经理已经有了一个助理，却还要再招一个，而她的条件明显不如另外那个。如果经理是想二选一，那她永远也 PK 不过对方啊。

她本想着在经理身边多学点本事，也好为自己的前程镀一层金，现在一看，自己可能没准儿会被经理 fire。

我觉得堂妹想的过于悲观，于是安慰她："我倒是觉得你挺厉害的。"

她不解，反问道："我哪里厉害了？"

我说："你看，你一个普通大学出来的本科生，居然能跟一个国外回来的硕士在同一个岗位上竞争，这说明你很有本事啊！你们经理也不笨，如果他没有看到你的长处，他是不会录用你的。你就安心好好地工作，不要去想学历问题、专业问题，你只需要想想怎么才能把工作做到完美才最重要。"

堂妹一听，觉得有几分道理，可转念一想，仍觉得不妥。

我见她面色犯难，不由得想起一个人来，我的高中同学孙周。

每次提起孙周，我就会想起高一时，他在全班同学面前介绍自己，说因为他爸爸姓孙、他妈妈姓周，所以他就叫孙周。这简单而又不失幽默的介绍，让我一下子就记住了这个看上去憨憨的男生。

孙周的成绩一般，在班上属于前二十名，但他很用功。他是典型的"学弱"，一想到这里，我就不由得同情他。

不过，令我佩服的是，他从来不抱怨，也不忧虑，他似乎对自己的成绩很坦然，即便自己冲不到前十，他也没有放弃。他还是会每天天不亮就起床背书，还是会挑灯学习到深夜，还是会跟老师请教不会做的题目。

我一直觉得，孙周的骨子里有种我没有的东西：执着。那时我希望他能够考上重点大学，可结果他发挥太稳定，只上了二本。

各奔东西前，班长组织大家一起郊游吃烤肉，孙周也在。他乐呵呵地帮大家烤肉，于是，我们便有一搭没一搭地聊起来。

我问他："你觉得可惜吗？"

孙周笑笑："那有啥可惜的，我也不是全班前三，这个结果早在我的预料之内，正常得很，倒是你发挥得不太正常啊！"

我不好意思地笑了笑，原本是想去安慰人家，结果这可倒好，被人家"倒打一耙"。我多少有些讪讪的，不再说话。

也不知孙周是否注意到了我的情绪，只听他说了句："想那么多干吗，至少是考上了，出来后也是个本科，后面的路还长，谁能说得准？高考并不一定就是一考定终生。"

我很欣赏他说的那句话：高考并不一定就是一考定终生。只是在当下，我们都觉得自己的命运被高考划分好了——考上名牌大学的，将来即便不入上流社会至少也会在中层；考上重点的，至少说出去好

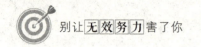

听不愁找工作；二本出来的，找工作就是个问题了。

用人单位在人才市场上招聘，就好比我们去菜市场买菜，谁不想买到质量上乘、口感上佳的蔬菜呢？

世事难料，孙周还真就用自己的事例告诉我们，高考不能决定一生。

大学毕业后，孙周遇到了所有毕业生都会面临的就业问题。他本想考研，不料名落孙山。之后又参加公务员考试，竟也没有结果。好在他在学校考了 BEC，往简历里一加，勉强算是加分项。

不过，现在的职场竞争多激烈啊，人才市场上有大批的归国留学生，随便拎出一个，听说读写都不是问题。再加上孙周毕业的学校不占优势，只能待在出租房里继续找工作。

那时候，孙周有一个想法，那就是——只要对方肯要他，无论薪水多少，他都一定会好好干，绝不让人家看扁了。后来，倒是有一家公司给了他面试机会。这家公司招的是实习生，薪水很低，而且没有五险一金，实习期是三个月，未来能不能留下来还是个问号。

孙周未加多想便答应了。

一进公司，孙周就什么都做，每天第一个来，最后一个走，前两周基本就是个打杂的，打印资料，买咖啡，给人倒茶水。他一天见不了主管两面，即便见着了也不过是在过道里，或是隔着百叶窗。

部门开会的时候，孙周不用参加，就在外面待着，算是最清闲的一个。那时他总会托着下巴看向会议室，猜想着他们在讨论什么，是有了新项目，还是什么出了问题。

在这种无聊的时刻，他就找资料看，反正只要不被人发现就行。

一开始，他什么都看不懂。于是，每次他就把那些看不懂的地方写在本子上，然后留意听同事说的话。有时，他也会请教部门里跟他关系还不错的小王。

小王是个热心肠，知无不言言无不尽，算是帮了他不少。就这样，孙周通过这些资料了解了公司的业务，了解了这个部门所做的工作，也清楚了每个同事所负责的项目。

有一次，某个同事发现孙周知道的还不少，因为自己活儿多，就偷偷地交给他去做。孙周自然很高兴。

孙周就这么默默地做了一个月，也没出什么问题，这便给了他更大的信心。

主管不傻，表面上他并不搭理孙周这个实习生，实际上，从孙周跟小王打听专业术语时他就开始注意了，只是他什么都不说，只默默地在背后看着孙周帮其他同事做事，而且居然还没出任何问题。

主管渐渐地对孙周有了新的想法，他希望把孙周留下，还为此跟经理做了申请。

在申请还没下来前，却意外地发生了一件事：一份很重要的月终报告出了问题，里面的一个数据错了，从而导致整个报告的分析和最终统计的数据都错了。

这份报告是最先要孙周帮忙做事的那位同事负责的，但她很委屈，还跟主管说自己工作多得做不完，因为这个报告没什么难度，所以就让孙周去做了。

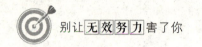

　　主管一听，气急败坏地把孙周叫来，劈头盖脸地训斥了他一顿，还说要开除他，而那时距离实习期结束不到两周。

　　那位同事一听就怕了，她本想推卸责任，却没想到会害了孙周。但她一时紧张，依旧没能说出实情。第二天，最早知道实情的竟是小王。

　　当时，小王去找孙周问他报告的事，见他犯难，便带着他去了楼顶。

　　在楼顶，孙周告诉小王，他的确是帮同事做了报告，但不是数据的部分，而是文字分析的部分。他知道数据的重要性，所以从来不敢接这样的工作，那位同事也知道，因此她也从来不让他做。

　　小王听后，决定去主管那里把真相说出来，然而孙周不肯。

　　孙周劝他，说那位同事马上就要生孩子了，不能因此丢掉工作。但他是个实习生，他走了，公司不会有任何损失。而且，他也不是什么都不会，他相信自己能找到工作。

　　小王没辙了，但心里依旧不爽。

　　没过两天，孙周被叫进主管的办公室。那时他实习期满，公司也没有跟他签合同的意思。主管看他的脸色已经好了很多，说了些体己的话，希望他日后好好干。

　　孙周离开前，主管给了他一封推荐信，并对他说："这是我给你的推荐信，里面还有一张名片，是我同学所在的公司，他们那里刚好需要招人。"后面的话即便主管不说，孙周也明白是什么意思了，他当下激动得说不出话来。

后来，主管才道出实情，原来他早就知道那个失误不是孙周造成的，但公司的人事冻结了，无法给孙周转正，孙周无论如何是留不下来的。既然如此，倒不如给他介绍一个需要他的地方去。

如今，五年过去了，孙周已经是那家公司的中层干部，很受上司的器重。上司还不止一次地跟别人讲，一开始并不看好他，只是抹不过同学的面子。结果，他做得很不错，而且特别稳健，从不抱怨，这个人看来是要对了。

堂妹听后，沉思良久，我猜她明白自己究竟该怎么做了。

职场并非一路凶险，只要你肯努力，做最棒的自己，职场终究不会辜负你的努力——即便你的学历没那么高，英文没那么好，你也一样可以凭借自己的智慧和勤奋得到属于自己的一切。

7. 当你足够优秀，世界才会对你公平以待

曾有人发出质疑，说一个普通的上班族没有雄厚的家底，根本无法在朝九晚五中来一场想走就走的旅行，那只能是一个梦。

遗憾的是，这个观点很快就被我否定了。我只能说，你无法过上

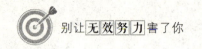

这样的生活，归根结底是你没有过人的能力。

在遇到 JOJO 前，我也曾坚信不疑地同意上述观点，但在认识她之后，我才真的知道什么叫洒脱。

JOJO 是我的一位客户，准确地说，是前客户，因为她已经离开了那家公司。

跟我合作的时候，她刚 30 岁出头，传闻她精通四门语言，还学过网页制作，兼职做过网站。她所工作过的第一家公司，至今还沿用着她当时创立的一套系统，但她的主专业却是营销。

起初我不信天下能有这样的全才，觉得此人不过是深谙营销技巧，手段高明一些，连同自己也一并推销了出去。谁知，那年她跟着团队到我们公司做例行考察，让我得以有幸见了庐山真面目。

JOJO 长了张比实际年龄小很多的面孔，没有电视剧上职场精英经常穿的那身套装，而是棉麻质地的休闲衣衫，脚下是一双匡威的白色帆布鞋，看上去年轻而又充满活力。

她的老板是个地道的法国人，本人只会一点英语，她此次前来身兼翻译和考察的工作，可谓责任重大。

短暂的休息时间，她的法国老板出去了，我在会议室里和她聊了起来。

我说："听闻你会四门语言，除了英语、法语和中文，剩下那门语言是什么？"

JOJO 一笑，跟我说是方言。我一愣，竟也跟着笑起来。JOJO 的思维很活跃，整个人也很 open，从来不端着。她总能问到我们从来不会想到的问题，这一点我在接下来的会议中深有体会。

会后，就几点比较突出的问题我又和她商讨了一番，有些她无法做决定的，她就请示老板。我听着她用娴熟的法语跟老板沟通，惊讶她对专业术语竟然也能驾驭得了——这一次，我也不纠结 JOJO 剩下的那一门语言究竟是不是方言，对她的传闻我算是真的信了。

之后的两天，他们的日程都是由我来负责，于是我便有了大把的时间和 JOJO 沟通。她说她最大的爱好就是旅行，而且她的梦想就是走遍世界的每一个角落。

我当时也附和着说这也是我的想法，只可惜自己是个上班族，一年只有几天的年假，有时忙起来都顾不上休年假，根本就没时间出去旅游。最关键的是，我也没有钱肆无忌惮地满世界乱跑。

JOJO 笑了笑，拿出她的手机来，一张张照片里的地方我全没见过。她一张张地给我讲，说每一个地方的故事，每一个角落的特色，讲她在那里发生的事，还有她认识的有趣的人。

她指着一处风景秀丽的地方告诉我，因为她贪恋那里的景色，就在附近的一个酒馆做了一个月的服务员，但赚到的钱只够路费。随后，她又翻出一张照片，里面是一个荒凉但视野开阔的地方。她告诉我，那里很穷，但资源很丰富，她在那里遇到过没人管的流浪儿，他给她指了路，她则把身上的现金都给了他。

她跟我讲的好像是纪录片一样，一幕幕地从我眼前展现开来。我不惊讶这些城市的美，惊讶的是，她这么年轻，竟然就已经走过那么

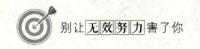

多的地方。

我很诧异她是怎么做到的。JOJO说："这没什么好惊奇的，我只是把想做的付诸实践了而已。"

后来我才知道，JOJO利用业余时间学习了法语和英语，当时学习网页制作就是为了赚外快。对她而言，工作是为环球旅行这个梦想服务的——她不会为任何一家公司工作超过三年，存够钱后，她就会在地球仪上选一处地方，然后去旅游。

其实，早在上大学时她就开始利用兼职赚钱，四年下来，她几乎走遍了国内她想去的每一个地方。工作之后，她才开始了环球旅游。

除了学习网页制作，她还利用业余时间学习投资理财。因此，她的钱不只是用来旅行，还有一部分在做各种投资，只有最少的一部分存在银行。

她在国外旅行的时候也会在当地工作，有时赚得多，有时赚得少。但只有通过这样，她才可以真正了解这座城市，这也是她旅行的根本目的所在。

一年前，JOJO离开了那家公司。据说，走之前，她的法国老板曾一再挽留，但没办法，她的心早已经飞到尼泊尔了。

我很羡慕潇洒的JOJO，她没有雄厚的家底，但她凭借自己的努力过上了很多人梦寐以求的生活。

有句话说得好，无能力的人被平台选择，有能力的人选择平台。

抱怨人生的人都是无能的，很多事并不是你做不了，而是你没有去做。去做了和做到什么程度又是天壤之别：追求极致的人总是能把事做得十分漂亮；自认为做到差不多就可以的人通常只能是完成，不能算做好。

要想成为金字塔尖上的人，势必要比别人多付出几倍甚至几十倍的努力，要牺牲自己的业余时间、睡眠时间。所谓用心，就是如此。这就好比，一开始你的朋友可能很多，但最后剩下的，只能是你用心交往的、可以跟你走动一辈子的挚友。

舍得，有舍才有得。

既然你不想牺牲业余时间去做更有意义的事，就别抱怨为什么别人赚得比你多；既然你从来都绕着困难走，就别抱怨为什么别人的生活总是一帆风顺；既然你是一个被选择的人，就没有选择的权利，怎么可能说走就走。

你的顾虑很多，担心自己的工作和五险一金，担心自己的积蓄不够……你之所以担心那么多，根本原因就是能力不足。

不要给自己设限，也不要总是对自己想做的事说"不"。相反，你要有勇气地说："我可以！"

只要你肯做，就没有做不到的事。